JN320024

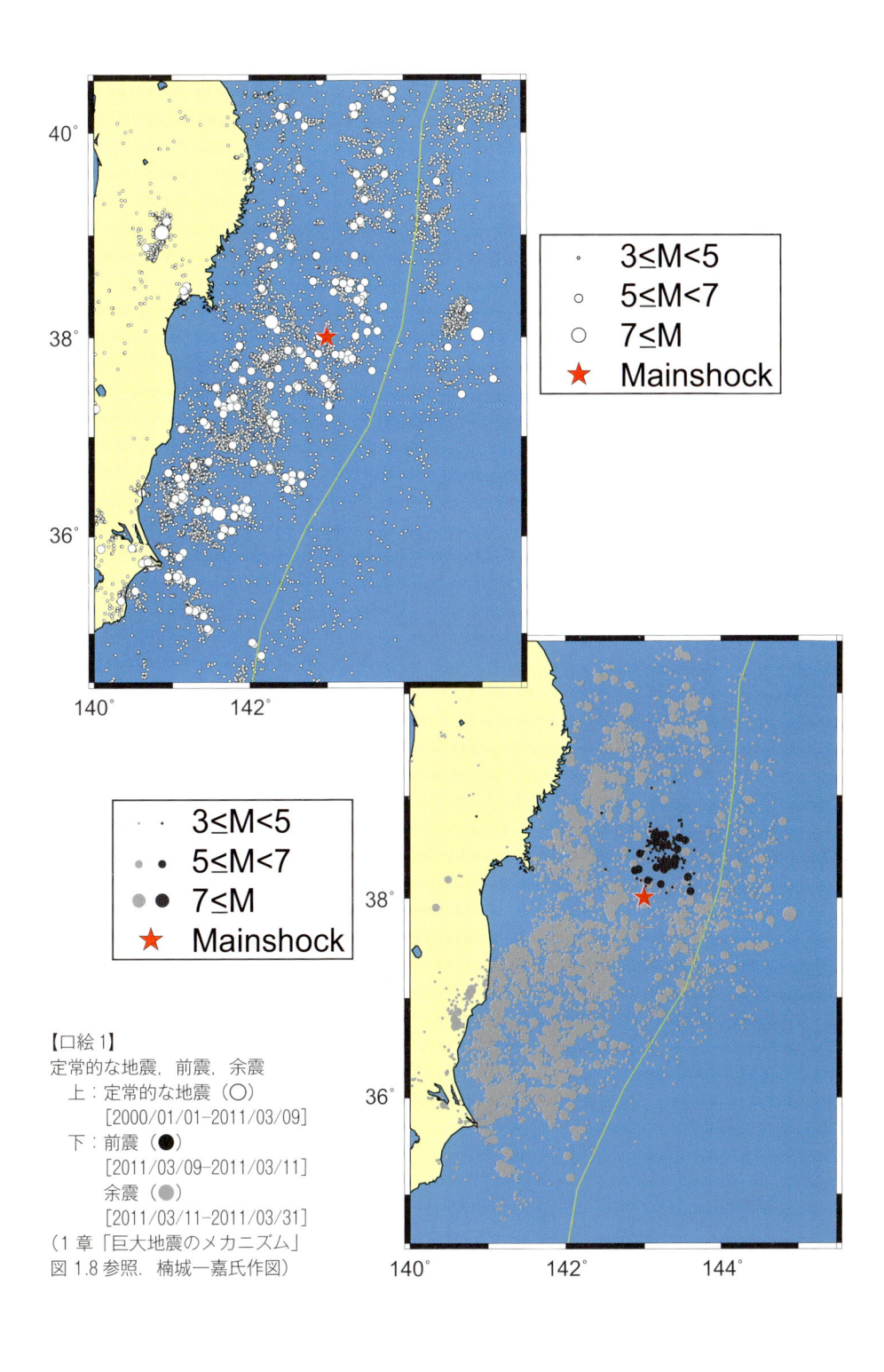

【口絵 1】
定常的な地震，前震，余震
　上：定常的な地震（○）
　　　[2000/01/01-2011/03/09]
　下：前震（●）
　　　[2011/03/09-2011/03/11]
　　　余震（●）
　　　[2011/03/11-2011/03/31]
（1 章「巨大地震のメカニズム」
図 1.8 参照．楠城一嘉氏作図）

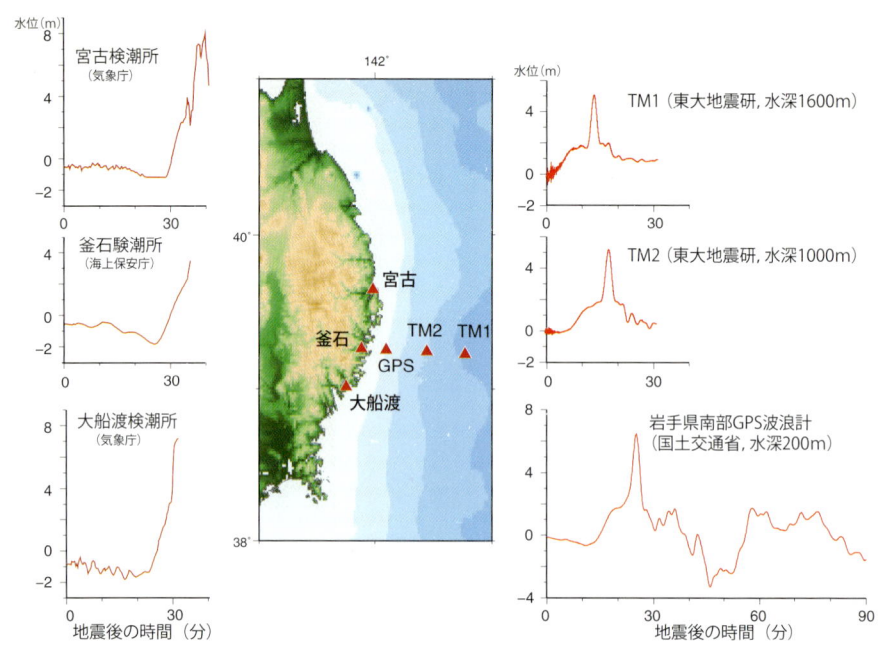

【口絵2】 津波波形の記録（2章「巨大津波のメカニズム」図2.19参照）

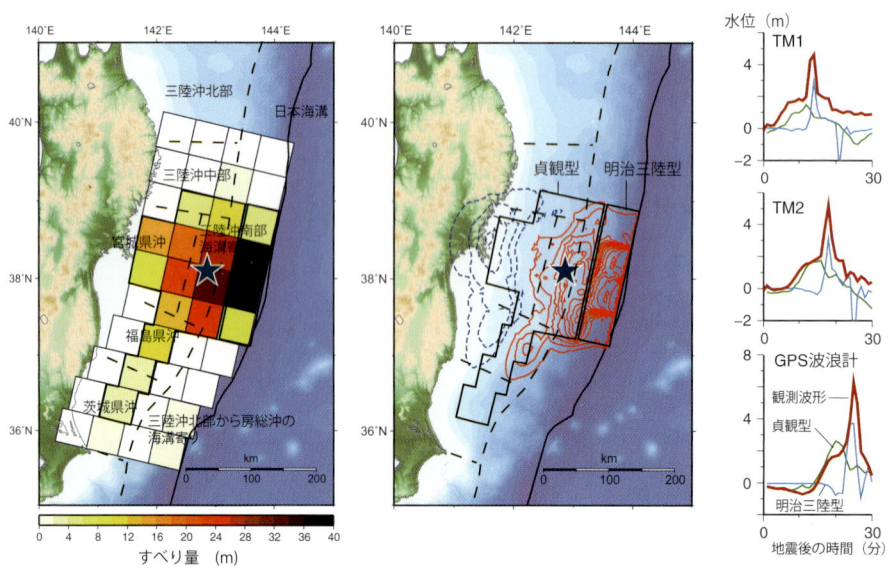

【口絵3】 断層面上のすべり量（左），海底上下変動（中）の推定と，3種の津波波形（右）
（2章「巨大津波のメカニズム」図2.21参照）

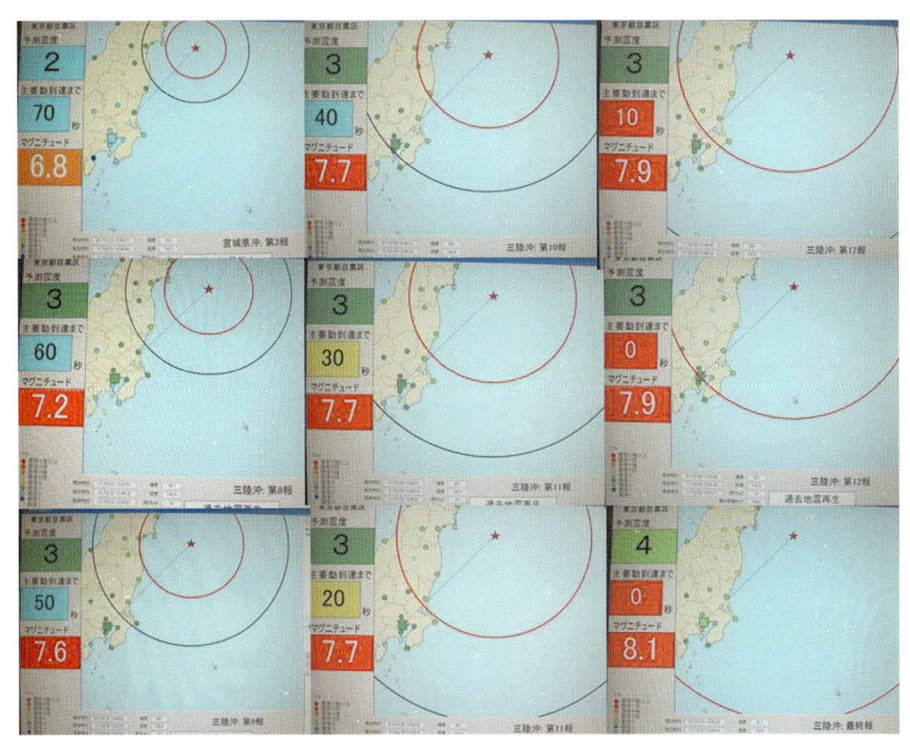

【口絵4】 東京都目黒区駒場で受信した緊急地震速報(高度利用サービス)の画面
(3章「東日本大震災の人的被害の特徴と津波による犠牲者について」"そのとき私は—"参照)

【口絵5】
津波の力で横転した鉄筋コンクリート造のビル(宮城県牡鹿郡女川町)
(3章「東日本大震災の人的被害の特徴と津波による犠牲者について」図 3.17 参照. 目黒公郎撮影)

【口絵6】
高所移転した地域は大きな津波被害を免れた（岩手県釜石市唐丹町小白浜地区）
（3章「東日本大震災の人的被害の特徴と津波による犠牲者について」図3.25参照．沼田宗純氏撮影）

【口絵7】
田老の防潮堤（岩手県宮古市田老）
　上：破壊された新しい防潮堤．
　下：健在だった古い防潮堤．
（4章「東日本大震災に思う」図4.7, 図4.30参照．畑村洋太郎撮影）

【口絵8】　昭和三陸大津波の教訓を伝える石碑
（4章「東日本大震災に思う」図4.12参照．畑村洋太郎撮影）

巨大地震・巨大津波
東日本大震災の検証

平田　直
佐竹健治
目黒公郎
畑村洋太郎

［著］

朝倉書店

執筆者一覧

平田　　直	東京大学地震研究所教授
佐竹　健治	東京大学地震研究所教授
目黒　公郎	東京大学生産技術研究所教授
畑村洋太郎	東京大学名誉教授，失敗学会主宰

(執筆順)

■はじめに

　2011年3月11日14時46分は，日本はもとより世界的にも忘れられない時刻として我々の記憶に残るだろう．
　マグニチュード9.0（16時の気象庁暫定発表時は8.4）の超巨大地震はそのまま超巨大津波をもたらして沿岸部を壊滅させただけでなく，あろうことか東京電力福島第1原子力発電所のメルトダウンを招き，放射性物質の拡散に至った．震災の爪跡は深く，日本および日本人の生活のありかたそのものに変革を迫っている．しかもそれが現在進行形であることにその深刻さがある．
　私達は今回の経験から可能な限りの反省と知見を得るように努めなくてはならない．それは近い将来発生が予想されている東海・南海・東南海地震への抜本的対策にも生かされるだろう．それが本書を企画した趣意である．
　私（編集部）は当時たまたま東京大学生産技術研究所（目黒区駒場）におり，3階の廊下を歩いていたときに「あと30秒後に地震が来ますので……」という緊急地震速報を耳にした．「またいつものオオカミ少年か」と思いながらも念のためにエレベータには乗らず待機していたところ，その緊急地震速報と1秒も誤差がない瞬間にビルが大揺れとなった．東京では震度5弱ということだったが，「じっとしていれば収まる」という通常の体験が今回だけは「ひょっとしたらこのまま崩壊するかもしれない」という大きな恐怖感にとってかわっていった．
　そのビルにある目黒公郎研究室には以前から立ち寄る機会があったので，このときもすぐ足を向けたが，そこには扉越しに散乱した書籍が見えるだけであった．そのうちに「宮城のほうで相当大きい地震があったようだ」と話す学生達の声も聞こえてきたがまだ半信半疑で，別の研究室のテレビを見ると，平野に津波が押し寄せまさに地を這っていく様子が流れていた．その映像をながめながら，とんでもない地震が起きていることを初めて知った．そのときは軽い

気持ちで「原発は大丈夫だろうか」とささやいたのだが，まさかそれが現実になるとは思いもしなかったのである．当日の東京は3月にしては北風も強かったためかかなり肌寒かった．金曜日ということもあり，黙々と何時間も歩いて家路についた人も多かったはずだ．

　3月11日から既に半年以上を経て，これまでに多くのことがわかってきた．今回の地震規模はM9.0であり，エネルギーとしては兵庫県南部地震（1995年，M7.3）の1,000倍であった．だからこそ超巨大津波をもたらしたのだが，振動周期のズレあるいは新耐震基準の普及もあってか，ビルなどの構造物の被害はエネルギー規模と比較すると小さかったといえるかもしれない（それでも全壊・全焼家屋数は津波による倒壊も含めて11万棟余りにのぼった）．

　今回の東日本大震災の被害の主因はなんといっても超巨大津波だろう．スマトラ島沖地震による津波（2004年）の映像を見た多くの日本人は，北海道南西沖地震（奥尻島津波，1993年）を経験しているにもかかわらず，今回のような超巨大津波が7年後の東北地方に押し寄せるとは想像ができなかった．

　これまでもテレビのテロップで「津波注意報」を目にする機会は多かった．しかしたいていは「ただいま釧路川で15センチの潮位上昇を観測しました」といった続報が出てオシマイとなる．こうした状況に慣れてしまうと，例えば10mという津波なんてあり得ないという奇妙な錯覚に陥ってしまう．またスマトラ島沖津波では「なぜ死者・行方不明者の数が特定できないのだろう．高度に管理された日本では考えられないことだ」という漠然とした疑問もあったのだが，今回の津波災害を体験すると，「10月28日現在死者・行方不明者19,553名」という数字の裏に潜む恐ろしさが浮かび上がる．

　今回の超巨大地震があと数時間遅い発生だったらと考えると，慄然とするものがある．関東大震災（1923年）は正午前の炊事時間に発生したことが大きな火事を誘発させたとも言われる．阪神・淡路大震災（1995年）でも，早朝5時半の発生がもしあと1時間でも遅かったら通勤電車も動き出し，朝食の用意も始まっていたであろう．人的被害や火災の発生が拡大していたかもしれない．今回の東日本大震災でもあと数時間発生が遅かったら，児童は学校から帰宅して統率が困難となり，また津波来襲時は暗い中の避難となったのではなかろうか．

さらに福島第1原子力発電所のメルトダウンと水素爆発はその後の事態の安定もままならず，放射性物質の拡散，住民の強制避難，農業，水産業，畜産業のみならず観光面でも多大な影響を与えつつあり，現段階でも展望が描けないのが実状であろう．まして「復旧から復興」とはいうが，あるべき姿を追いかけるなかで今後は様々な課題・難題も予想される．

　本書は東日本大震災の原因となった，自然現象としての災害（地震，津波）に対して長年研究にあたって来られた方々に，現時点での検証という大変なご無理をお願いして実現した企画である．今回の大惨事を今までの研究の蓄積から解釈するだけでなく，むしろ私見をも混じえてご執筆いただいた．

　第1章では，当時東京大学地震研究所所長であった平田直氏に地震学（観測地震学，地殻の変形過程などを研究）の立場から巨大地震の仕組みを解説していただく．第2章では，やはり当時地震研究所副所長であった佐竹健治氏にこの巨大津波がなぜ発生したのか，そしてその災害の詳細を浮き彫りにしていただく．第3章では，都市震災軽減工学を提唱する東京大学生産技術研究所の目黒公郎氏に今回の津波に関して災害発生時の避難方法・避難手段だけでなく，その後の生活あるいは都市町村の再建という観点からも注目すべきいくつかの事例をご紹介いただく．また，最終章では「失敗学」，「危険学」を提唱する畑村洋太郎氏に，今回の大惨事で我々が見落としていること，あるいは今後の10年，50年，100年を展望したときに留意すべき問題点・考え方をご提起いただいた．なお，畑村氏は政府の「東京電力福島原子力発電所における事故調査・検証委員会委員長」に就任されたが，本書の原稿は就任以前にいただいたことを付記する．

　この4人の著者の方々は，今回の執筆依頼に対していずれも当初は固辞された．睡眠時間を削ってもなお時間が足りないという当時の著者の方々の超多忙を知った上で，あくまでご執筆いただきたいと訴えることは心苦しかったが，今回は地震・津波の研究者の方々にあえて学会報告などとは違った趣旨で語っていただきたいという思いがあった．その趣旨をご理解いただき，ある方は口

述筆記，ある方は飛行機の中でのご執筆，外国のホテルでのご執筆など，限られた時間でわかりやすく，しかも同じ生活者の視点も含めて論考をまとめていただくことができたことに深く謝意を表したい．当然，著者の間で，今回の大惨事へのアプローチの仕方に多少の相違はあるが，あえてそれを調整することはしなかった．

　本書が地震と津波の仕組み・メカニズムを知ることだけでなく，今後の防災および新しい日本の仕組み作りの一助になればこれにまさる喜びはない．

2011 年 10 月

朝倉書店編集部

■目　次

1. 巨大地震のメカニズム────────（平田　直）1
　そのとき私は── 2
　1.1　地震はなぜ起きるのか …… 3
　　1.1.1　地震とは何か　3
　　1.1.2　地震と地震動・津波　6
　　1.1.3　地震と震災　7
　1.2　2011年東北地方太平洋沖地震の大きさと発生の仕組み …… 8
　　1.2.1　2011年東北地方太平洋沖地震の大きさ　8
　　1.2.2　震度分布　9
　　1.2.3　本震震源過程　10
　　1.2.4　前震活動　12
　　1.2.5　余震活動　17
　　1.2.6　太平洋プレートの運動による地震　21
　　1.2.7　地震時の地殻変動　23
　　1.2.8　余効的すべり　26
　　1.2.9　余震域の拡大と誘発地震活動　30
　1.3　兵庫県南部地震との比較 …… 32
　　1.3.1　M7の地震とM9の地震　32
　　1.3.2　兵庫県南部地震：内陸の活断層で起きる地震　32
　　1.3.3　プレート境界で起きる地震　34
　1.4　世界の大地震との比較 …… 35
　　1.4.1　世界の巨大地震と2011年東北地方太平洋沖地震　35
　1.5　南海トラフで起きる地震 …… 37

        1.5.1　東海・東南海・南海地震　37
    1.6　地震活動のモニターと予測・予知 …… 39
        1.6.1　地震活動の現状把握　39
        1.6.2　緊急地震速報早期検知システム　41
        1.6.3　東海地震の予知の仕組み　43
        1.6.4　長期予測の仕組みと限界　47
    1.7　今回何を学んだか …… 49

2.　巨大津波のメカニズム ────────（佐竹健治）　55

    そのとき私は──　56
    2.1　津波の発生メカニズム …… 60
        2.1.1　海底地殻変動と津波の発生　60
        2.1.2　津波の伝播とシミュレーション　61
        2.1.3　津波警報とハザードマップ　64
        2.1.4　津波の観測　67
    2.2　東北地方太平洋沖地震の予測と過去の津波 …… 69
        2.2.1　地震本部の長期予測　69
        2.2.2　三陸沿岸を過去に襲った津波　71
        2.2.3　仙台平野を過去に襲った津波　74
    2.3　2011年東北地方太平洋沖地震津波 …… 77
        2.3.1　津波の波形記録　77
        2.3.2　2011年の津波の発生源　79
        2.3.3　想定外のM9級巨大地震　81
    2.4　日本・世界で発生したM9級の地震 …… 82
        2.4.1　スマトラ−アンダマン地震　83
        2.4.2　北米・南米の巨大地震　85
        2.4.3　北海道沖で発生した17世紀の巨大地震　87
    2.5　おわりに …… 89

3. 東日本大震災の人的被害の特徴と津波による犠牲者について ─────(目黒公郎) 93

 そのとき私は── 94
 3.1 はじめに …… 97
 3.2 東日本大震災の概要 …… 99
 3.3 津波による犠牲者が多く発生したことに関して …… 101
  3.3.1 東日本大震災の津波による被害の概要 102
   (1) 各地の津波浸水・遡上高さと到達時間／(2) 人的被害の特徴
  3.3.2 わが国で最近発生した他地域の地震津波災害 109
   (1) 1983年日本海中部地震／(2) 北海道南西沖地震による津波被害
  3.3.3 当該地域で過去に発生した主な津波災害 115
   (1) 明治三陸地震／(2) 昭和三陸地震／(3) チリ地震津波
 3.4 注目すべきいくつかの事例 …… 119
  3.4.1 高所（高地）移転による被害軽減事例 119
   (1) 岩手県大船渡市三陸町吉浜地区／(2) 岩手県釜石市唐丹町
  3.4.2 避難行動の違いによる犠牲者数の変化 128
   (1) 岩手県釜石市：鵜住居小学校と釜石東中学校／(2) 岩手県大船渡市：越喜来小学校／(3) 岩手県野田村：野田村保育園／(4) 宮城県石巻市：大川小学校／(5) 宮城県亘理郡山元町：ふじ幼稚園
 3.5 おわりに …… 134
   (1) 低頻度で発生する巨大津波に対する防災対策／(2) 平野部を襲う津波対策の問題／(3) 関連死による犠牲者の問題

4. 東日本大震災に思う ─────(畑村洋太郎) 147

 そのとき私は── 148
 4.1 "3現"で知ったこと …… 149
  4.1.1 津　波 150
   (1) 田老の防潮堤／(2) 姉吉の石碑／(3) 大槌町／(4) 両石湾／(5) 羅賀の津波石

　　　　4.1.2　原子力発電所　　165
　4.2　実見の後で考えたこと ……167
　　　　4.2.1　津　　波　　167
　　　　　　　(1) 駆け上がる/(2) 万里の長城/(3) 信玄堤/(4) 逃げない/(5) 言い伝え/(6) 帰巣本能/(7) きのこシェルタ/(8) 気になる危険/(9) 逆回しフィルム
　　　　4.2.2　原子力発電　　180
　　　　　　　(1) 想定/(2) 失敗の経験/(3) 周辺事故/(4) 技術の系譜
　4.3　災害と人間 ……187
　　　　　　　(1) 人間の特性/(2) 失敗の記憶

主な地震（津波）一覧　　194
索　　引　　196

巨大地震のメカニズム

平田　直（ひらた・なおし）
1954年生まれ．東京大学地震研究所地震予知研究センター長，教授．地震調査研究推進本部政策委員会委員，地震防災対策強化地域判定会委員ほか．
［研究分野］地殻の微細構造，地震発生予測．地殻の不均質構造と微小地震活動の空間的・時間的分布を観測することによって，地震を発生させる地殻の構造を研究．最近は，首都圏地震観測網（MeSO-net）などを用いて南関東に発生する地震に関する研究を行っている．
［主な著書］『生物-地球環境の科学』（共著．朝倉書店，1995），『地殻ダイナミクスと地震発生』（共著．朝倉書店，2002）

そのとき私は――

　2011年3月11日午後，霞が関の文部科学省では，地震調査研究推進本部の政策委員会・調査観測計画部会が開催され，活断層基本図の作成と海溝型地震を対象とした調査観測について議論する予定だった．午後1時に始まった会議が本題に入ろうとしていた矢先，私を含む何人かの委員の携帯電話が一斉に鳴った．14時46分19秒．緊急地震速報の第1報だった．まもなくカタカタと会議室全体が鳴り始め，そのうちユサユサ，ミシミシと揺れだした．携帯メールに送られてくる緊急地震速報の続報は，宮城県沖でマグニチュード（M）8.1の地震が発生し，最大震度6弱が予想されることを知らせている（注：この値は，最終的にはM9.0に修正された[1]）．この間2秒．さらに，14時48分に送られてきた地震発生を告げる地震情報では，宮城県北部・中部で最大震度6強を観測したことが示され，49分には宮城県北部で最大震度7が記録されていたことも続報された．さらに，直後のメールでは，岩手県・宮城県・福島県に大津波警報が出されたことを伝えている．文科省ビルの16階の会議室はまだミシミシと揺れている．窓からはお台場の方向で黒煙が上がっているのが見える．これはとんでもないことが起こったと思った．会議に出席している気象庁の課長がM8.1の地震が発生したことを委員に告げた．委員達は，携帯電話のワンセグを見始めた．まもなく館内放送が入り，文科省のビルのエレベータが停止していることをアナウンスした．宮城県沖で近い将来にM7.5くらいの地震が発生するということは，この会議を主催している地震調査研究推進本部の調査委員会が判断していた．委員の誰もが，この規模の地震が起こったのか，それとも，もっと巨大な地震が起こったのか，そもそも一体何が起こったのかを知りたいと思った．委員会は中止となり，委員は所属の役所や大学に帰ることとなった．

1.1 地震はなぜ起きるのか

1.1.1 ── 地震とは何か

　2011年3月11日に発生して東日本に大災害をもたらした超巨大地震は，東北地方の太平洋沖の海底下で発生した．太平洋沖の水深は6,000 m，最深では9,000 mに及び，海底では数百気圧の水の圧力を受けている．地震の発生する深さでは，さらに海底面下の岩石の重さの分の圧力も受けているので，数千気圧以上の膨大な力を受けている．岩石に上下・左右・前後から等方的に大きな力を加えても破壊することはない．一方，岩石にずれるような力が加わると破壊（剪断破壊）が起きる．岩石がずれるような力によって破壊する現象が地震である．剪断破壊によって生じた面（破壊面）が断層面である．加えられていたずれの力（剪断応力）が解放されると，その結果として破壊面の周辺に力が加わり，周辺の岩石を変形させ，地震の波を放出させる．つまり地震とは，岩石がずれるように破壊され，地下に断層（震源断層）が形成される物理現象である（図1.1）．
　地震が発生することによって解放される圧力（正確には剪断応力）は，数百気圧（数十MPa）であることが推定されている．実は，地震発生前に岩石に

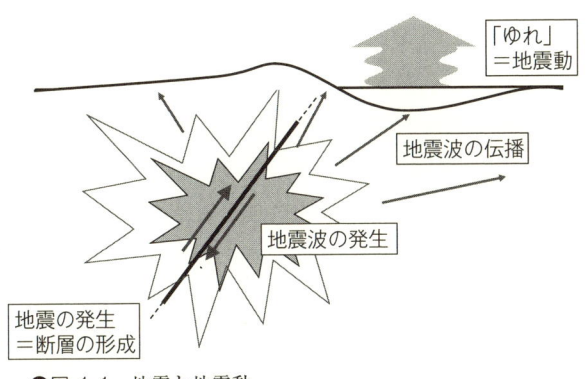

●図1.1　地震と地震動

加わっていた剪断応力が何気圧であるかはよくわかっていない．前述の等方的な岩石の圧力である数千気圧と，地震の発生によって解放される数百気圧の間と推定される．

　ずれの破壊は，断層面のすべりということもできるので，地震とは次のようにいうこともできる．すなわち，地震とは，岩石の中にある弱い面に働く剪断力が増加して，面に働く摩擦力（静止摩擦力）より大きくなったときにすべりだし，ずれの力が解放されることで減じて，静止摩擦力と釣り合うと停止する過程である．すべりが続いているときも，ずれの力は摩擦力（動摩擦力）と釣り合っているが，一般に，動摩擦力は静止摩擦力より小さいので，ずれの力が静止摩擦力より大きい間はすべり続ける．摩擦力は，面に垂直な力（法線力）とずれる力（剪断力），すべりの速度やすべり面の状態に依存するので，すべりが勢いよくすべるか，ゆっくりとすべるか，いつ止まるかを正確に理解するためには，岩石に加わる力や断層の固着の強さ（静止摩擦力）の他，震源断層を含むすべり面の性質などの知識が不可欠である．現在の地震学ではそれらのすべてを理解しているわけではないが，実際に発生した地震のデータ解析，室内実験やコンピュータによる数値実験によって研究が進められている．

　断層には断層面の地表面に対する方向と加えられた力の方向によって，逆断層，正断層，横ずれ断層がある（図 1.2）．実際には，それらの組合せになっていることも多い．地震が発生すると断層の向きによって，地震波が押し波でくる場所と引き波でくる場所があり，観測点での波の押し引きから，震源断層の向きとすべりの方向が推定できる．

　3 月 11 日の巨大地震の断層は，差し渡し 300〜400 km というとてつもなく大きな断層であったため，破壊が断層面上を伝わって最終的な震源断層が形成されるのに 2〜3 分かかった．震源断層上の破壊の開始点が震源である．3 月 11 日の地震の震源は，宮城県沖にあり，破壊は北と南に伝わり，最終的に南北 400 km，東西 200 km の震源断層が形成された．実は，その後，半年以上経った今でも，震源断層の周辺部ではプレート境界面の上盤と下盤がゆっくりとすべり続けている．このことは，後でもう少し詳しく述べる．

　物理現象としての地震の大きさは，この震源断層の面積（S）と断層面でのずれの量（D）の積（SD）によって表すことができる（図 1.3）．SD に係数

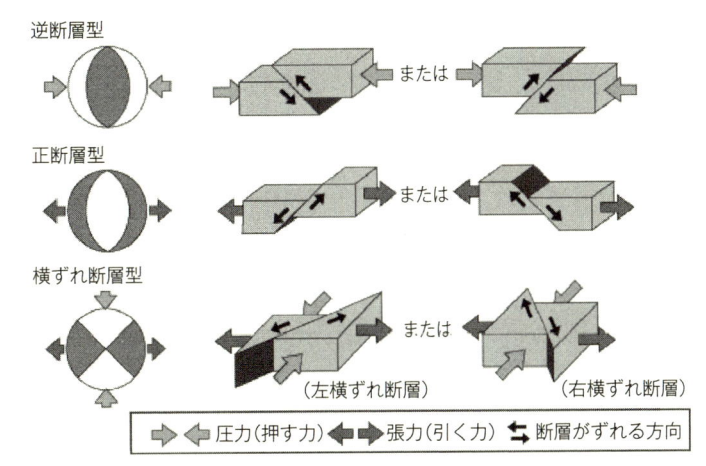

●図 1.2 断層の種類
発震機構解と働く力の向き,断層の動きの図.(気象庁HP[2]より)

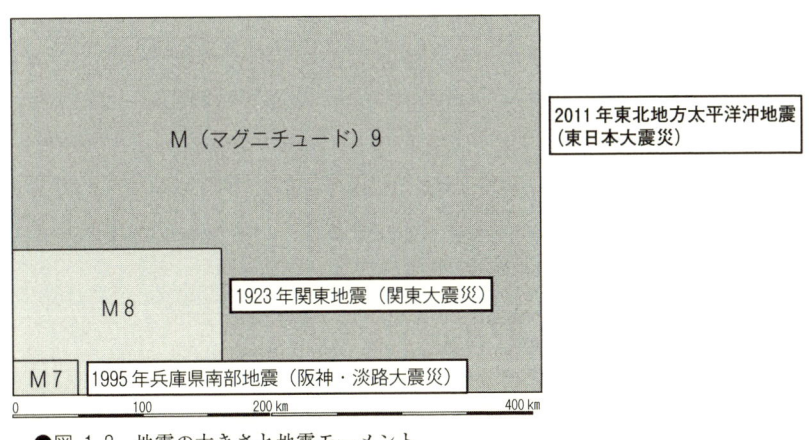

●図 1.3 地震の大きさと地震モーメント
地震モーメント(M_o): $M_o = \mu \times S \times D$
S:面積,D:すべり量.
マグニチュード(Mw): $Mw = (\log M_o - 9.1)/1.5$

μをかけたμSDを地震モーメント(M_o)という.μは剛性率といい,岩石のずれ変形とそのずれを生じさせるのに必要な力の間の比例定数であり,通常は岩石の種類を決める一定の値となる.この地震では,4.3×10^{22}(Nm)と見積もられている[3].ここで,Nは力の単位(ニュートン)で,mは長さの単位

(メートル) であり，Nm は偶力の単位となる．地震には 3 月 11 日の地震のように非常に大きいものから，人には感じない程度の地震動しか発生させない小さなものまであり，その大きさ M_o は，何桁も変わるので，その対数を取った量であるマグニチュード (Mw) がよく使われる．この二つの量には

$$\mathrm{Mw} = \frac{\log M_o - 9.1}{1.5} \tag{1.1}$$

の関係がある．歴史的には，地震動の大きさから M を決める経験式が定められ，地震モーメントの概念と式 (1.1) で決められるマグニチュード (モーメントマグニチュード Mw) は後から考案された．

　地震動の大きさから M を決める方式では，地震動を計測する地震計の種類が異なると値が異なるので，いくつかの種類のマグニチュードが定義されてきた．これは地震計によって地震の波に含まれる周波数成分への感度が違うためで，たとえば，短周期成分の多い波 (実体波) を用いたマグニチュード (実体波マグニチュード Mb)，長周期成分の多い波 (表面波) を用いたマグニチュード (Ms) などがある．日本の気象庁は，Mb をもとにしたマグニチュードを用いているが，近年は Mw も併用している．なお，マグニチュードは英語では，単に「大きさ」という日常用語であり，必ずしも地震の大きさを意味しない．日本語でマグニチュードというと，通例は地震の大きさのことを示しているが，日本語でも地震規模とか，地震マグニチュードというべきであろう．

1.1.2 ── 地震と地震動・津波

　震源断層が形成されて，発生する地震波が地表に到達すると，地面が上下・水平に振動する．この揺れを地震動という．震源断層が海底下にあり，地震波が海底面に到達すると海底面が上下に振動して，海水が揺さぶられて津波が発生する．3 月 11 日の地震では，巨大な震源断層が海底にあったため，大変大きな津波が発生した．この地震では，海底面に最大 8 m 程度の隆起があったことが推定されている．

　日常用語としては，地震と地震動を区別しないことがあるが，物理現象としては断層の形成が地震で，地表の揺れが地震動であり，異なる概念として区別

する必要がある．地震動の大きさを震度という単位で測る．地震動は地震の大きさ（地震マグニチュード）だけではなく，震源断層からの距離や地盤の軟弱さなどによっても異なる．つまり，地震マグニチュードは地震ごとに一つの値をとるが，震度は場所によって異なり，一つの地震でもいくつもの震度が発表される．ただし，観測される最大の震度は最大震度といって，地震の大きさを表す一つの指標となる．日本では気象庁によって定められた震度階級が0から7まであり，6と5にはそれぞれ強と弱があることで，全体としては，10段階となっている．震度は，かつては揺れの大きさを体感や被害状況によって判断してきたが，日本では1996年4月からは地震計の一種（計測震度計）で観測された地震動から計算された値（計測震度）を用いている．欧米では，改正メルカリ震度階級（Modified Mercalli scale, MM）が使われることが多い．この震度階では，IからXIIまでの12の階級がある．日本以外の国々では，体感や被害の程度と，計測された速度や加速度から震度を決めている．

1.1.3 ── 地震と震災

2011年3月11日に発生した地震は，しばしば東日本大震災と呼ばれることがある．一方，気象庁はこの地震を2011年東北地方太平洋沖地震と命名している．どちらの名称が正しいのだろうか．既に述べてきたように，物理現象としての地震と，自然災害としての震災を区別する必要がある．したがって，東北地方太平洋沖地震が起こした東日本大震災というのが，地震学的には正しい言い方である．同様に，1923（大正12）年関東地震が関東大震災を起こし，1995（平成7）年兵庫県南部地震が阪神・淡路大震災を発生させた，というべきである．しかし，マスコミ等では地震と震災を区別せずに，物理現象としての地震についても東日本大震災と呼んだりしている．本書では，物理現象としての地震とその大きさを表す地震マグニチュード，地震が発生させる地震動と震度，地震動や津波によってもたらされた震災を区別して記載する．もっとも，こうした現象全体を「地震」あるいは「震災」といって区別せずに用いることがあることも事実であるから，読者は文脈によって概念の違いを理解する必要がある．

震災の程度は，自然現象としての地震動が大きければ大きくなるが，その他の要素としては，地震発生地域の人口や社会資本の集積度や社会の脆弱性（地震災害への対応力のなさ）が重要である．人の住んでいない地域で大きな地震が起きても震災は生じない．自然現象としての地震動などの災害の要素を地震ハザードという．英語ではハザード (hazard)，災害 (disaster)，災害の危険度 (risk) を概念として明確に区別しているが，ハザードに対応する適当な日本語がないので，カタカナでハザードと書く．本書では，文脈で区別して，概念としては異なることを強調する．例えば，以下のようなリスク方程式が有名である．

災害の危険度(risk) ＝

$$\frac{地震力(\text{seismic hazard}) \times 社会の集積度(\text{exposure}) \times 社会の脆弱性(\text{fragility})}{社会の準備度(\text{preparedness})}$$

自然現象としての地震力（地震動の強さ，津波の高さ・破壊力）は現在も将来も人間が制御することはできないが，社会の脆弱性を減じることと地震への準備を進めることで危険度を減らすことはできる．究極的には，人口と社会資本の適正な分散化が，自然災害の危険度を減らすためには必要かもしれない．

1.2　2011年東北地方太平洋沖地震の大きさと発生の仕組み

1.2.1 ── 2011年東北地方太平洋沖地震の大きさ

3月11日14時46分の東北地方太平洋沖地震（M 9.0）を本震と呼ぼう．本震の後で本震の震源断層の側で発生する地震が余震であり，本震の前に発生する地震が前震である．東北地方太平洋沖地震では，顕著な前震と余震の活動があった．まず，本震の性質について見ておこう．

1.2.2 —— 震度分布

本震が発生するとまず地表の揺れの大きさ，つまり震度の情報が手に入り，日本ではこの情報がいち早くテレビ等を通じて気象庁から発表される．図1.4 (a) に示した本震の震度分布から，この地震により東日本全体が大きく揺れたことがわかる．最大震度は7であり，気象庁の震度階で最大の揺れが生じたことを示している．この分布を，1995年兵庫県南部地震の震度分布（同図 (b)）と比べるといかに大きかったかがわかる．1995年の阪神・淡路大震災は，戦後最大規模の大震災であったが，地震による直接の影響を見ると地震動の強い場所は神戸や淡路島に限定されている．これに対して，2011年東北地方太平洋沖地震による強い揺れは東日本全体に及び，揺れは日本全土に広がっている．この震度分布から，地震の震源断層の大きさと，地震時の断層でのずれの大きさが，通常日本で観測される地震に比較して桁違いに大きいことがわかる．

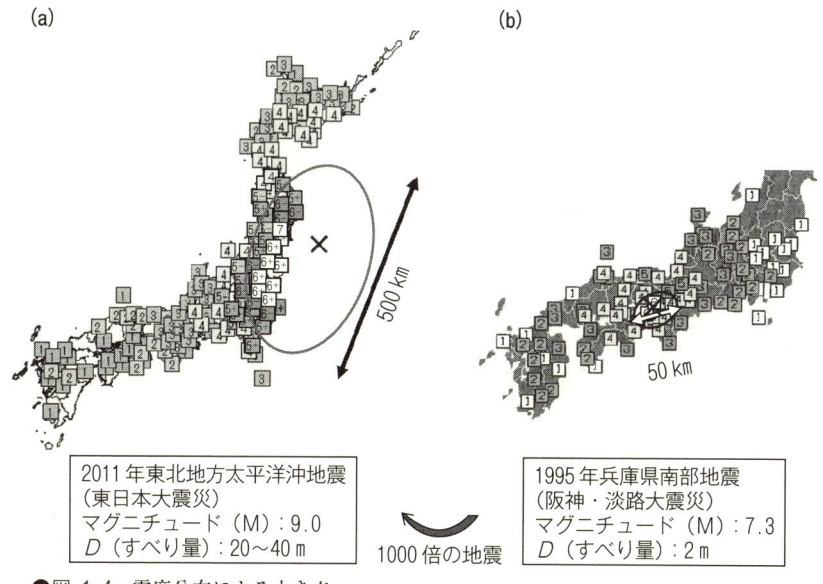

● 図 1.4 震度分布による大きさ
(a) 2011年東北地方太平洋沖地震，(b) 1995年兵庫県南部地震．枠内の数字は震度．

2011年東北地方太平洋沖地震（東日本大震災）
マグニチュード（M）：9.0
D（すべり量）：20～40 m

1000倍の地震

1995年兵庫県南部地震（阪神・淡路大震災）
マグニチュード（M）：7.3
D（すべり量）：2 m

1.2.3 ── 本震震源過程

2011年東北地方太平洋沖地震の震源は宮城県沖の深さ24 kmと気象庁より報告された（図1.5）。震源とは，断層面上の破壊の開始点である。地震波形データを解析した結果，震源断層の大きさは南北約400 km，東西約200 km，最大のすべり量は約25 mであった[3]（図1.6）。震源断層の面は西に傾き下がり，すべりの向きは，断層の上盤側が東方向にせり上がるように動く逆断層型の地震であった。震源断層の東端は，深さ9,000 mの日本海溝，つまり，太平洋プレートの沈み込み口まで延びている。

2011年東北地方太平洋沖地震は，太平洋プレートが東北日本を形成するプレートの下に沈み込むことによって生じた。つまり，太平洋プレートの上面で発生するプレート境界地震である。地球上最も大きい太平洋プレートが日本の下に沈み込むことによって生じている日本最大規模の「弱面」，巨大な低角逆断層（衝上断層，mega-thrust）での急激で大規模（25 m）なすべりが，こ

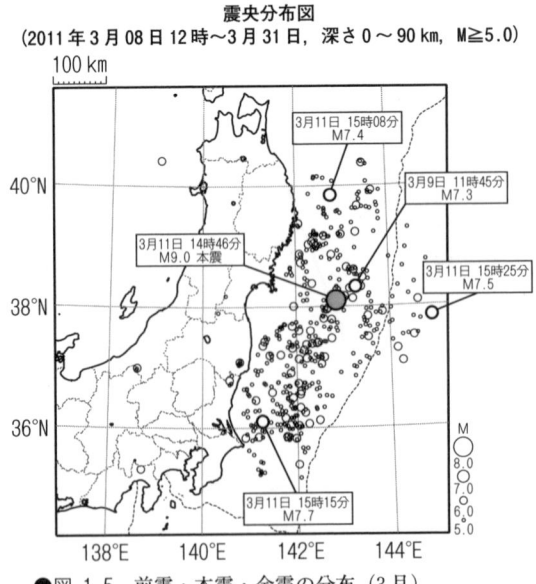

●図1.5 前震・本震・余震の分布（3月）
（気象庁資料および文献[1]）

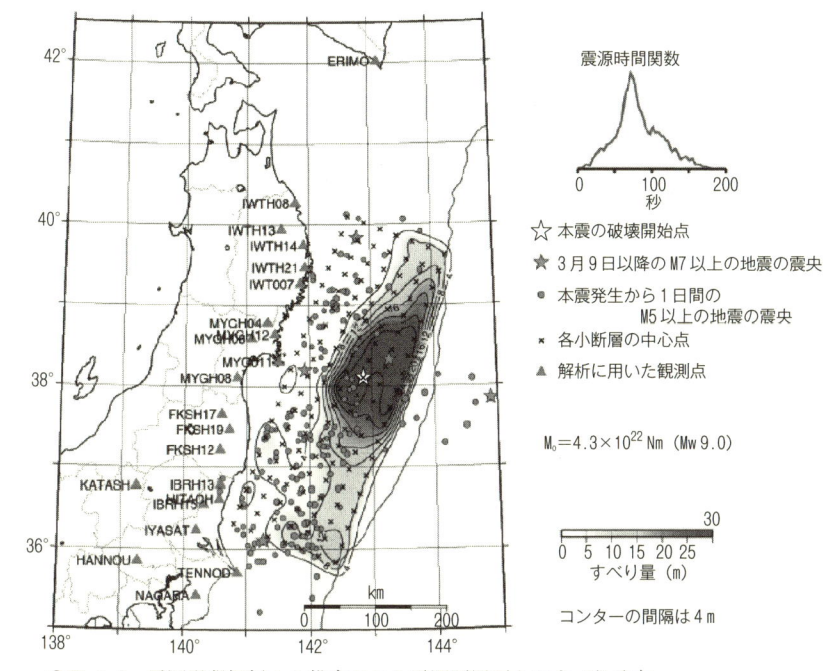

●図 1.6　震源過程解析から推定された震源断層面上のすべり分布
（気象研究所および文献3)）

の地震の正体だ．今回のようにすべりの量が数十 m に及ぶ例は，これまでの国内の観測では知られていなかった．たとえば，1995 年兵庫県南部地震（M 7.3）でも最大すべりは 2～3 m 程度である．

　この地震全体の大きさはモーメントマグニチュード（Mw）9.0 であり，わが国の観測史上最大であった．10 m を超えるような大きなすべりの領域は破壊開始点よりも東側の海溝側のやや浅い場所と，破壊開始点から南南西へ 100 km までの場所にあった．海溝軸に近いプレート境界の浅い所で大きなすべりが発生したことは後述する津波の発生にも重要なことで，この地震の発生する前には研究者は予測していなかった．数 m のすべりの領域は，南北 400 km，東西 200 km の広大な領域に及ぶ．この大きさのプレート境界を破壊するのに要した時間（破壊継続時間）は約 160 秒間であった．この長さも通常の地震が数十秒で終わってしまうことに比べ非常に長い．図 1.6 に示したすべり分布

は，日本で観測された強震動記録を用いて求められた．この他，世界中の地震波（遠地実体波や，表面波）を用いた解析結果が，世界中の研究機関や研究者から公表された．詳細は，それぞれ少しずつ異なるが，どの解析結果をみても震源断層でのすべりの最大値が数十 m になり，主要なすべりが南北 300～400 km，東西 200 km に広がっていることを示している[4]．この大きさはとてつもなく大きい．

1.2.4 ── 前震活動

　本震の前に，本震震源の付近で顕著な地震活動があった．2011 年 2 月 13 日から三陸沖では，M 5.5 の地震（最大震度 1）を最大とする地震活動があり[1]（図 1.7），さらに 3 月 9 日 11 時 45 分にはほぼ同じ場所で M 7.3 の地震（最大震度 5 弱）が発生し，大船渡で最大 55 cm の津波が観測された．これらの地震は，太平洋プレートと東北日本のプレートの境界で発生した地震である．3 月 11 日の M 9.0 の地震の震源は，これらの活動域の南西端に位置している．しかし，これらの地震が前震であったことは，3 月 11 日の M 9.0 の地震が発生した後に認識された．もし，本震前に M 7.3 の前震が起こったことがわかっていれば，この前震は本震発生を予測する有力なデータとなったが，残念ながら現在のところある地震が引き続いて起こる地震の前震なのか，通常の地震であるかを本震発生前に判別することはできない．

　ただし，これらの活動が，今から思えば前震活動だと考えることができる理由は少なくとも二つある．まず，前震は通常本震の破壊開始点，つまり震源付近に集中して発生する．この地震活動は本震震源の側 50×50 km 程度の領域の中に発生し，本震震源断層全体に比べると集中して発生していた．とくに，3 月 9 日の地震のあと，M 6.8 が 3 月 10 日 6 時 23 分に発生し，そのわずかに 10 km 西南西で本震が発生したことは，3 月 9 日の大きな前震（M 7.3）の余震が南西に移動して本震に至ったと考えることもできる．しかし，大きめの余震が余震域の端部で発生することはよくあるので，震源の移動は特段不思議なことではないし，3 月 9 日の M 7.3 の地震の震源断層がこの程度の大きさであることは普通であるので，本震の震源断層の広がりと比較して，初めて本震震

(a) 震央分布図
(1997年10月1日〜2011年3月11日14時46分, 深さ0〜100 km, M≧4.0)
2011年2月1日以降の地震を濃く表示

発震機構はCMT解

(b) 領域a内の地震活動経過図
(2011年2月1日〜3月11日14時46分, 深さ0〜100 km, M≧3.0)

領域a内の時空間分布図（南北投影）

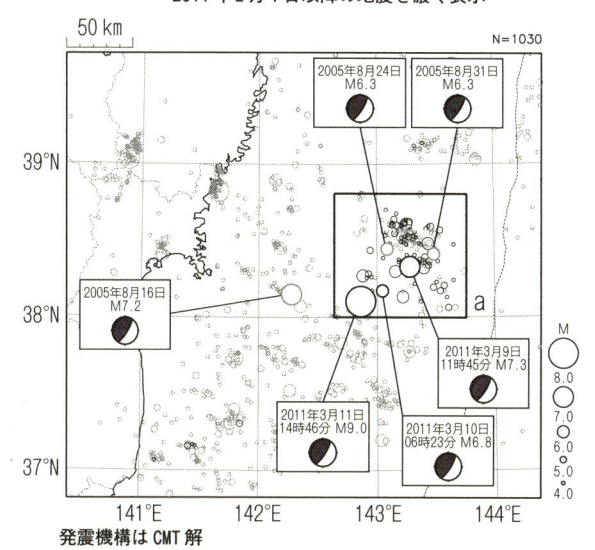

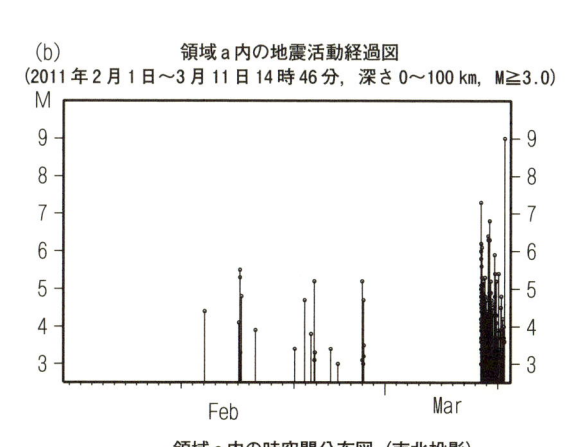

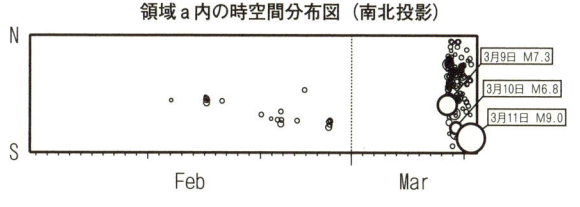

●図1.7 (a) 前震活動, (b) 領域a内の地震活動の経緯（気象庁資料および文献[1]）2011年2月13日から三陸沖で, M 5.5の地震（最大震度1）を最大とするまとまった地震活動があった. また3月9日11時45分にはほぼ同じ場所でM 7.3の地震（最大震度5弱）が発生し, 大船渡で最大55 cmの津波が観測された. これらの地震の発震機構は, いずれも西北西―東南東方向に圧力軸をもつ逆断層型で, 太平洋プレートと陸のプレートの境界で発生した地震である. 3月11日のM 9.0の地震の震源（破壊開始点）は, これらの活動域の南西端に位置している.

源の側で狭い領域に集中して発生したといえるのである．

　3月9日のM7.3の地震には，その地震の余震が多数発生していた．これらの余震（M9.0から見ると前震）の大きさの分布（規模別頻度分布）には，通常とは異なった点があった．これが，もう一つの前震活動の特徴である．一般に，地震の発生数は，小さい地震ほど多く，大きな地震ほど少ない．これは，グーテンベルグとリヒターによって見出された法則（GR則）として知られていて，次のような式で表される．

$$\log N = a - b \log(\mathrm{M}) \tag{1.2}$$

ここでNは，マグニチュードMの地震の数であり，a, bは，対象とする地震によって一定の係数である．bは通常1.0に近い値をとる．つまり，Mが1増えると地震数は1桁減るのである．しかし，bは詳しく調べると地域的，あるいは時間的に変化していて，前震では1.0より顕著に小さい値を取ることが知られている．さて，3月9日のM7.3の後に起きたこの地震の余震を調べると，bは0.47程度になり，1.0より顕著に小さいことがわかった（図1.8(b)）．実は，東北沖の日本海溝付近では従来からbが小さいことが知られていたが，それでも0.8程度であり（図1.8(a)），bが0.5を下回っていたことは，この地震活動がM9.0の地震の前震であったことを強く示唆している．

　そもそも，前震がなぜ発生するのか，どういう条件で発生するのかは，現在の地震学の枠組みでよくわかっていないことの一つである．しかし，前震のbが小さくなる理由は，定性的には以下のように考えることができる．一般的に，地震は地下の岩石の小さな割れ目（断層）が急激にずれる現象であることは既に述べた．最大規模の断層は，今回の本震を起こした太平洋プレートの沈み込み面を形成している巨大衝上断層である．この断層面は地震の前は強く固着しているが，太平洋プレートが沈み込むことによりわずかにずれて，断層面上に小さなすべり面（割れ目）が生じる．また，断層から少し離れた場所（断層の上方や，下方）にも，小さなすべり面が生じて小さな地震が発生する．地震の大きさはすべりを生じさせる割れ目の大きさで決まるので，地震数Nの規模（M）別の頻度は，割れ目になるような弱面の大きさの分布，すなわち大きな割れ目が少なく，小さな割れ目がたくさんあるということと関係している．一般に破壊現象の規模別頻度分布はべき乗則（ある大きさの物の数は，

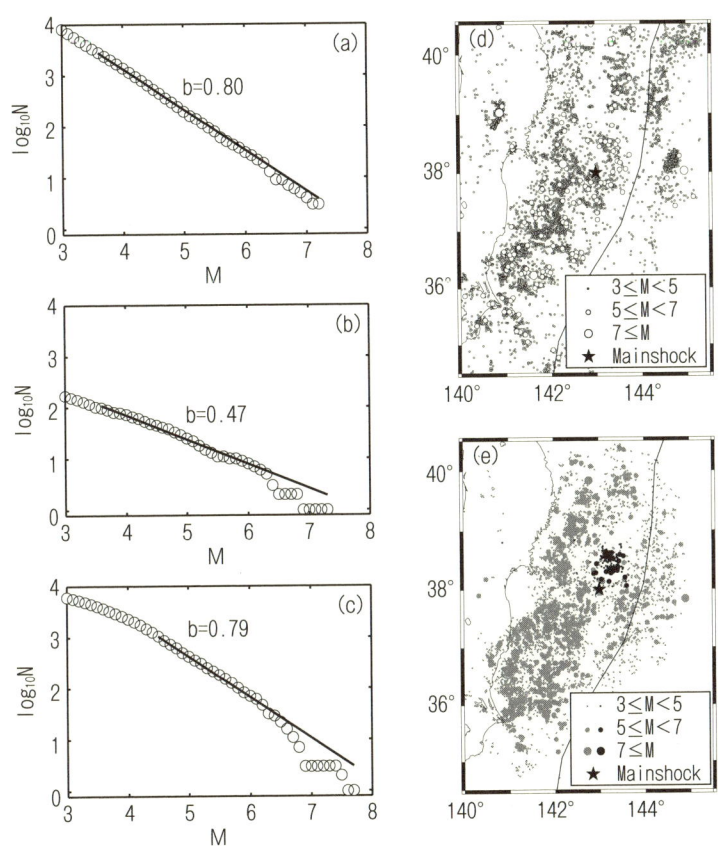

● 図 1.8 定常的な地震，前震と余震の b

(a) 2000 年 1 月 1 日から 2011 年 3 月 9 日 M 7.3 地震の直前までの地震（定常的地震）の累積規模別頻度分布．数字は GR 則の b．(d) に示した地震を用いた．(b) 2011 年 3 月 9 日 M 7.3 地震から 3 月 11 日 M 9.0 本震直前までの地震（本震の前震）の頻度分布．(c) 3 月 11 日から 3 月 31 日までの余震の頻度分布．(d) 3 月 9 日 M 7.3 前震より前の定常的な地震（深さ 60 km 以浅）分布（○印）．シンボルの大きさはマグニチュードを表す．(a) を計算するのに用いた地震．(e) 3 月 9 日 M 7.3 前震から 3 月 11 日の本震直前までの前震（●印）と 3 月 11 日から 3 月 31 日までの余震（●印）．本震は★印で示す．(b), (c) を計算するのに用いた地震．（第 190 回地震予知連絡会（2011 年 4 月 26 日）東京大学地震研究所資料をもとに楠城一嘉氏作図）【口絵 1】

(大きさ)$^{-n}$ に比例する）になっていることが知られている．地震の規模別頻度分布が GR 則に従うのは，地震が破壊現象の一種であることを示している．

　さて，本題はこれからである．いろいろな大きさの割れ目が分布しているときに，力が加わると割れ目は地震を起こさない場合にもゆっくりと成長する．もし，割れ目が近接して存在すると，隣同士の割れ目が結合してしまい，小さな割れ目が相対的に少なくなる．つまり，本震の前に破壊開始点で応力が高まって小さな断層が結合していたとすると，小さな地震の数が相対的に減って GR 則の b が小さくなることが期待できる．室内実験で前震が発生するような条件で，岩石を破壊すると，前震では b が小さくなることが知られている．つまり，3月9日の M 7.3 の後に起きた地震の b が小さいことが，その領域の応力が高まっていたことを意味するなら，これらの地震は M 9.0 の前震，つまり，「本震の起きる原因であるプレートの沈み込みによる広域の応力の高まり」によって生じた地震ということができる．なお，まだ詳細には検討されていないが，本震後に発生した余震の b は本震の前の値に戻っているようである（図 1.8(c)）．繰り返しになるが，これらの知見は，M 9.0 が発生した後になって解析したり考えてみたりしてわかったことであり，3月9日から11日14時45分（本震発生時直前）の時期に，M 7.3 の地震が M 9.0 の前震であると認識できた研究者は残念ながらいなかった．M 7.3 の地震はこの領域でもたまには起きる大地震であり，また海域で発生したためにその余震の詳しい分析は陸上からの観測だけでは不十分であった．実は，この M 7.3 の地震の余震を海底で観測するための準備を全国の海底地震観測の研究グループが進めていたのであったが，実際に海域での観測に出発する前に，M 9.0 の地震が起きてしまったのである．

　さらに興味深い b に関する研究がある．東北地方の太平洋沖は日本でも地震活動の活発な領域で，多くの研究があった．それらが示していたのは，東北地方の沖合で発生する地震の b が平均的な日本の b に比べて小さいという事実である．詳しく調べてみると，比較することのできるデータのそろっている1960年代から現在に至るまで，この地域の地震の b は数十年にわたって減少し続けていた．3月9日の M 7.3 の余震の b は，この一連の減少傾向の中でもひときわ小さかった．b の値が小さい領域は，ちょうど3月11日の本震で

大きくすべった領域に対応しているようにも見える．この観測結果は，東北地方太平洋沖では数百年かけて太平洋プレートの西進によってプレート境界付近の岩石にかかる力が増大し，小さな地震の数が相対的に減少している状態を示していた可能性が高い．

1.2.5 —— 余震活動

大きな地震が発生すると一般に本震より小さい地震，余震が本震の震源断層の周辺で多数発生する．このM9.0の地震の後でもおびただしい数の余震が発生した．余震は，本震後半年が経った現在でも多数発生している．余震数は本震発生からの経過時間とともに減少していくことが知られ，大森房吉と宇津徳治によって余震数の減少公式として次のようにまとめられている．

$$n(t) = \frac{K}{(c+t)^p} \tag{1.3}$$

ここで，$n(t)$ は，本震発生後からの経過時間 t 経ったときの余震数，K は，余震の総発生回数を決める定数で，本震のMが大きければ，一般に大きくなる．c は正の小さな値である．p は大森によって提案された式に宇津が付け加えたもので，1.0に近い値であるが，地域や場所に依存する．本質的な問題として，本震の後の余震でも，大きな余震にはそれ自体に付随して式(1.3)に従うような余震（2次余震）が発生するので，実際の余震活動は，式(1.3)のように簡単な形では表現できない．しかし，2次余震は本震の余震に比べて数が少ないので，全体としての余震数の時間変化はおおむね式(1.3)の大森-宇津公式で表現できる．この式がどのような物理的な背景によって導出できるかはいくつかの考えがあるが，有力な説に，速度-状態依存摩擦構成則による地震活動の解釈がある[5]．

この考えによると，地震活動は，ある領域に加えられている力の変化（荷重変化率）が大きいと活発になる．これは，室内実験である程度確かめられた考えである．つまり余震は，本震の断層運動によって，周囲に急激な応力増加がもたらされたことによって発生すると考えられる．別の考えとして，余震は，断層面上で本震時にすべり残った領域が破壊されることによって生じるという

メカニズムも提案されているが，そういう余震の数は実際には少ないようである．古くは，震源の決定精度が悪いために見かけ上断層面から離れた場所に余震が起きると考えられていたこともあった．近年の高精度の余震分布からも，多くの余震は本震の震源断層の近傍で発生するが，厳密に震源断層面上で発生する余震数は少ない．

さて，こうした断層面以外の余震は，もともと地下の岩石の中に多数あった断層（割れ目）に，本震による急激な応力増加が生じたことによって発生したと考えると，大森-宇津公式の p が 1.0 の場合が導ける．大森-宇津の余震数の式は，GR 則と並んで地震学で最も頼りになる公式である．この式の示していることは，c が小さいとすると，時間が倍経過すれば，余震数は半分になるということである．気象庁が余震の確率を予測するのに用いているのはこの法則である．時間の経過とともに減少する物理現象では，たとえば，放射性同位元素の崩壊のように，減少の割合（減少率）が一定であることが多いが，余震では減少の割合が時間経過とともに少なくなる「反比例」の法則に従うので，長期間にわたって余震発生が継続する．また，余震のうちで最大規模の余震の大きさがどのくらいになるかは，これも経験的には本震の M より 1 程度小さな M になるということが知られている．

さて，3 月 11 日 14 時 46 分の本震（M 9.0）の余震の分布を見てみよう（図 1.9）．本震発生直後に M 7.0 を超える大きな余震が 3 つ発生している．まず，本震発生の 22 分後の 15 時 8 分に岩手県沖で M 7.4，29 分後の 15 時 15 分に茨城県沖で M 7.7，39 分後の 15 時 25 分に宮城県はるか沖で M 7.5 の余震が発生した．15 時 15 分の M 7.7 の余震が 9 月現在最大規模の余震である．このうち，最初の 2 つの余震は，本震と同じ西傾斜の低角逆断層型の地震であり，最後の 15 時 25 分の余震は，東西に引っ張られる正断層型の地震であった．本震発生後 1 時間で，M 6.0 を超える余震は，この 3 つの余震を含めて 9 個発生し，M 5.0 を超える余震は 23 個発生した．3 月 11 日中には，M 6.0 を超える余震は 32 個，M 5.0 以上の余震は 132 個発生した．図 1.9 には，3 月 11 日から 9 月 30 日までに発生した本震，M 5.0 以上の余震の震央（震源の水平位置）を示してある．この図を見てわかるように，余震は岩手県沖から茨城県沖まで南北 400 km，東西 300 km の広い範囲に発生していることがわかる．M 7.0

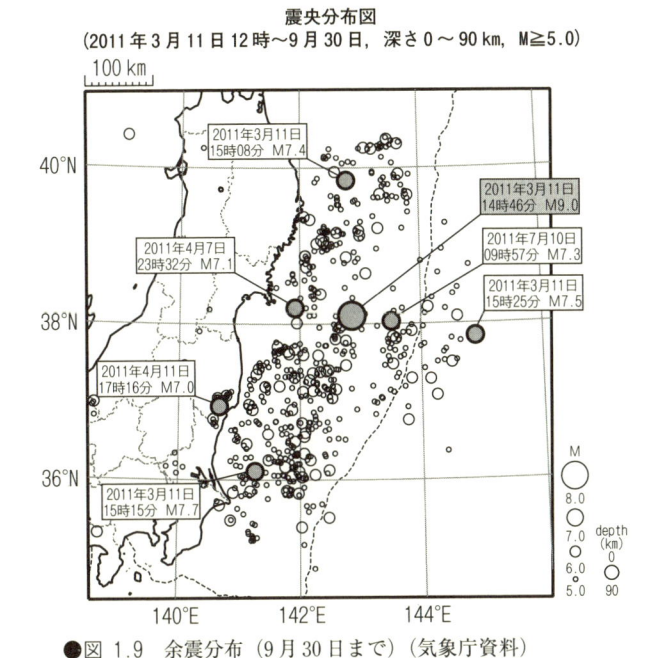

震央分布図
(2011年3月11日12時〜9月30日, 深さ0〜90 km, M≧5.0)

●図 1.9 余震分布（9月30日まで）（気象庁資料）

を超える大きな余震は，4月末までに，さらに2つ（4月7日宮城県沖のM 7.1と4月11日福島県浜通りのM 7.0）発生した．4月7日の地震は，沈み込む太平洋プレートの内部で，沈み込む方向に押されるように起きる余震であり，4月11日の地震は陸側のプレートの内部の浅い部分で発生した，東北東-西南西方向に張力軸をもつ正断層型の地震であった．さらに7月に入ってからも11日に三陸沖（牡鹿半島の東，約180 km付近），深さ30 kmでM 7.3の余震が発生して盛岡市などでは震度4を観測した．この余震は，西北西-東南東方向に張力軸をもつ横ずれ断層型の太平洋プレートの内部で起きた地震であった．これらの余震の意味は，後で検討する．

　東北地方太平洋沖地震の余震活動は，これまで日本で経験したどの地震より活発である．9月の末までに，M 7.0以上の余震が6回，M 6.0以上が96回，M 5.0以上が577回発生した．海域で起きたこれまでの地震，たとえば，1994（平成6）年北海道東方沖地震（M 8.2）では100個，2003（平成15）年十勝

沖地震（M 8.0）では 50 個程度である（図 1.10）．このことは，本震発生後半年が経っても，時折余震を感じることでも理解できる．

　この項の最後に，繰り返しになるが以下のことを強調しておこう．この地震の余震は，これまでの日本の大地震の余震に比べて，その分布の広がり，余震の数，余震の規模のどれをとっても最大級である．余震数は，大森-宇津公式に従って着実に減少しているが，それでも本震の規模が大きかったために，本震後半年が経っても大きな余震が発生しているのである．M 3 以上の余震が陸の近くで発生すれば有感になる．規則どおり減少しているとはいえ，有感地震が東日本の広い範囲で毎日発生していることは，日常生活を続ける上では異常な出来事といえる．とりわけ，復旧・復興に尽力している被災地の方々には脅威となっている．

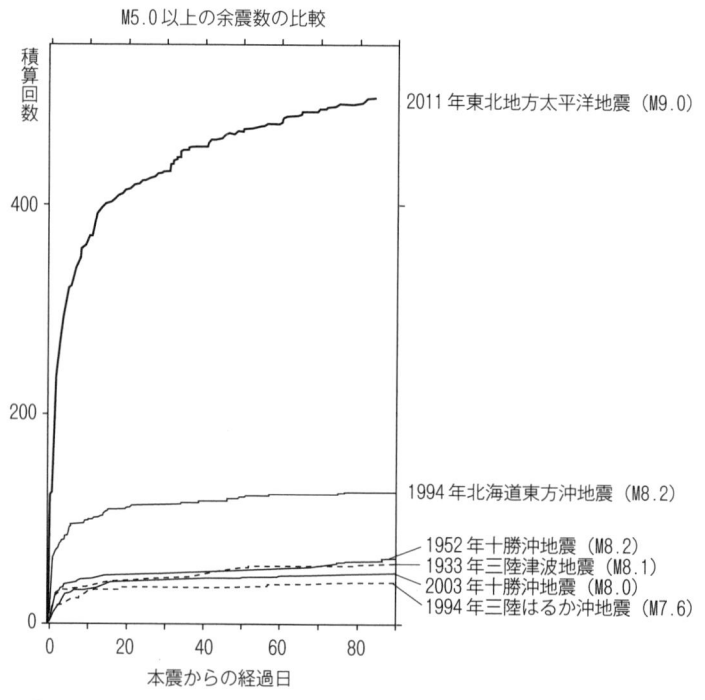

●図 1.10　活発な余震活動
M 7.0 以上 6 回，M 6.0 以上 96 回，M 5.0 以上 577 回（9 月 30 日現在）．（気象庁資料による）

さらに，今後M7を超える余震が発生する可能性については，本震発生後1年程度は高いと考えるべきであり，本震で被害を受けた建物などでは今後とも十分な注意が必要である．海域でM7の余震が発生すれば，津波を警戒する必要もある．

1.2.6 ── 太平洋プレートの運動による地震

これまでも，東北地方太平洋沖地震の発生の仕組みを述べてきたが，もう一度整理しておこう．東北日本の太平洋沖には，地球上で最大の太平洋プレートがあり，東北日本を形作るプレートに向かって8～9 cm/年の速さで押し寄せている（図1.11）．太平洋プレートは，水深8,000～9,000 mの日本海溝から日本列島の下に沈み込んでいる．二つのプレートは数十kmの深さまでは，通常は強く固着して，東北日本のプレートを引きずり込みながら太平洋プレートが沈み込むため，日本列島には基本的には東西に圧縮の力が加わっている．プレートの境界でも，100 km程度より深いところでは，温度が高いため二つのプレートは摩擦力を受けながらも，プレートの収束速度，つまり8～9 cm/年の速さでゆっくりとずれている．日本海溝から沈み込んだばかりの深さでは，岩石の圧力が小さく，また沈み込みに伴って大量の水を含んだ堆積物など

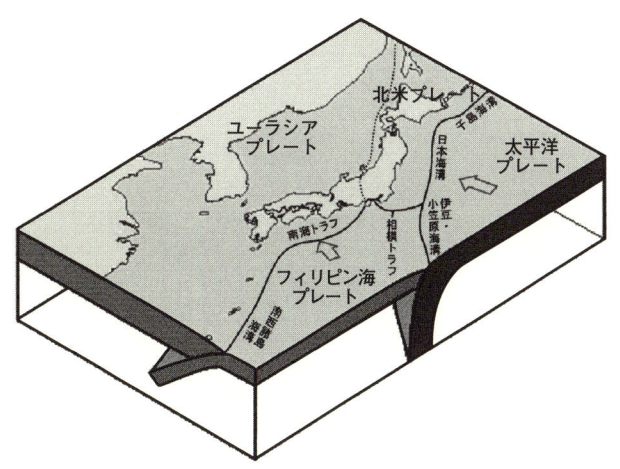

●図 1.11　日本列島を取り巻くプレートの位置関係[25]

があって，プレート境界はすべりやすくなっている．数 km より深くなるとプレート間の固着は強くなり，東北日本側のプレートは引きずり込まれるが，同じ深さでも強く固着している場所と，水などの影響で比較的すべりやすい場所がある．宮城県沖などでは，過去に繰り返し M7 から M8 クラスの地震が起きてきた．これは，プレート間の固着の強いところで，数十年から100年程度のプレート運動によるひずみが蓄積され，ついに耐えきれなくなってすべることによって発生した地震である．この，通常は強く固着し，地震時に急速にすべって地震波を放出する場所を「地震アスペリティ」，あるいは，簡単にアスペリティという（図1.12）．実は，2011年東北地方太平洋沖地震では，これまで考えられてきた東北沖の5～6個のアスペリティと，それより海側のプレート境界全体が破壊されてしまったことが，震源過程の解析からわかった．地震アスペリティという考えは，この10年程度の間に，主に東北沖の地震の研究によって確立されてきた概念である[6]．東北地方の太平洋沖では，M7～8程度の地震によって，数 m から10 m 程度のずれが数十年間隔で繰り返されてきた．仮に毎回5 m のずれが，100年ごとに発生すれば，1年当たりのずれの量は5 cm となる．これは，太平洋プレートと東北日本の収束速度（8 cm/年）に満たない．毎回 M8 のような大きな地震が起きているわけではないので，地震によるすべりはプレートの運動の3分の1程度であることが知られていた．この食い違いは，今回の地震が起きるまでは，次のように考えられてい

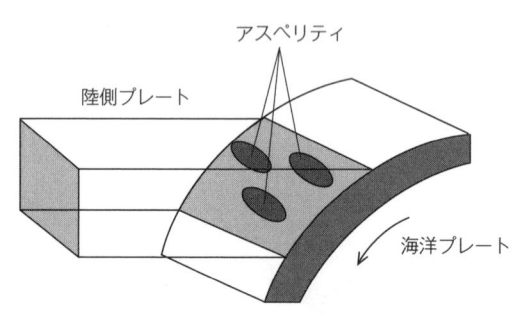

●図 1.12 アスペリティ・モデル
アスペリティでは通常は両プレートが強く固着し，地震時に急速にすべる．アスペリティの周囲は非地震性すべり．

た.つまり,(1) プレート境界の浅い場所でも,実は地震も津波も発生させない程度のゆっくりとしたすべり,非地震性のすべりが生じて,全体としてつじつまが合っている.あるいは,(2) 津波地震と呼ばれる,地震波は放出しないで津波だけを発生させる程度のゆっくりとしたすべりが何年かに一度発生していて,陸の観測や記録からは知ることができなかった.そして,最後の可能性としては,(3) 数百年〜1,000年に一度程度,非常に大きな地震,プレートの収束運動を全部解消してしまうような超巨大地震が発生する,というものである[7].東北地方の沖合では,津波を生じさせるゆっくりとした地震が発生することが知られていた.さらに,近年,東海地域の浜名湖の下で数年間の時間をかけてM8程度の非常にゆっくりとしたすべりが発生したことが,GPSによる詳細な解析によって明らかにされていた.こうした観測は,(1) や (2) の考えを支持する事例とみなされた.

3月11日にM9.0の超巨大地震が発生したことによって,これらの考えのうち,(3) の考えが正しかったことがわかった.それでは,プレート運動の動きと,この地震によるプレート境界での動きを詳しく見てみよう.

1.2.7 ── 地震時の地殻変動

3月11日14時46分,日本列島はM9.0の地震によって激しく揺すられ,大きな津波に襲われた.さらに驚くべきことに,この地震によって東北地方の太平洋沿岸は数m東に動いてしまった.最大の動きが国土地理院のGPS観測によって記録されたのは,宮城県の牡鹿半島で,東南東に5.3m移動し,1.2m沈降した(図1.13).この地震によって,東北日本全体が西日本に対して数m東に動いたが,東北地方の日本海沿岸では1m程度しか東に移動していない.つまり,東北日本は全体として大きく東に移動したばかりでなく,4m程度東西に延びてしまったのである.これは,震源断層が形成された数分の間の出来事である.既に述べたように,3月11日の地震前は,太平洋プレートの西進によって日本列島は通常1〜2cm/年の速さで東西に圧縮されていたことがGPS観測によってわかっていた.この大きさは,東北地方の東西の幅が約200kmとすれば,約1×10^{-7}/年のひずみ速度に相当する.この量は,明治以

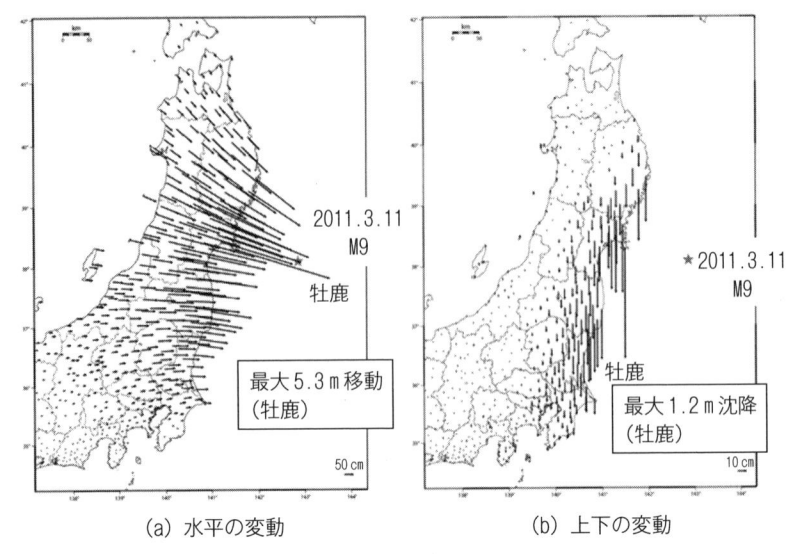

● 図 1.13 地震のときの地表の動き
「牡鹿」(宮城県石巻市) が地震に伴い東南東方向に約 5.3 m 移動し, 約 1.2 m 沈下した. (国土地理院による GPS データ (暫定) 基準期間 2011/03/01 [21:00] -2011/03/09 [21:00], 比較期間 2011/03/11 [18:00]-2011/03/11 [21:00]). (国土地理院および文献[8])

来の測地測量の結果と矛盾しない. これが, 一気に 4 m 東西に延びてしまったのである. つまり, 200～400 年分の東西の縮みが, この巨大地震 1 回で解消したのである. しかも, 後で述べるが, 地震後 6 か月経っても, この延びの動きは, 収まっていないのである.

一方, より長い時間軸でとらえた地質学的な推定によると, 東北日本弧の水平短縮速度は 3～5 mm/年程度ないしそれ以下なので, ひずみ速度にして 1～3×10^{-8}/年であることがわかっていた. これは, 測地学的な短縮率 10^{-7}/年より 1 桁小さい. この食い違いは, 大きな地震によっても, プレートの動きによる縮みが完全には解消せず, わずかに戻り残った分によって, 数百万年という地質学的な長い時間ではわずかに東北日本は縮んでいることを意味する. しかし, これまでの M 7 から M 8 程度のプレート境界の地震の運動の累積ではプレート運動による大きな縮みが解消されなかった. 2005 年宮城県沖地震 (M 7.2) でも, 太平洋岸で数 cm の地殻変動が観測され, 震源断層のすべり

は数m程度であった．M8程度の地震だけでは地質学的な観察と測地学的な観測事実が矛盾していたが，M9の超巨大地震の発生によってやっとこの矛盾が解消できる見通しが得られたともいえる．

国土地理院が陸上で観測した大きな変動を説明するためには，東北太平洋沖に大きなすべりを仮定した震源断層モデルが必要である（図1.14）．最大で24mのすべりが推定されている．このモデルに，海上保安庁が海底に設置した観測点のデータを入れると，すべりの大きかった領域は海溝に近い所にもう少し集中し，最大のすべり量は56mと大きくなる（図1.15）．国土地理院のデータは公表されていて，複数のグループがモデルを提出しているが，これらはいずれも最大のすべり量が20mを超える大きなものである．ここで重要なことは，先に示した地震波を用いた断層のすべりモデルと大局的には同様のモデルが得られたことである．地震波という高周波の波（1 Hz）からの分析と，測地学的な記録（永久変位）の分析でほぼ同じようなすべりの大きさと分布が得られたことは，この地震が，全体としては「普通の地震」であったことを示

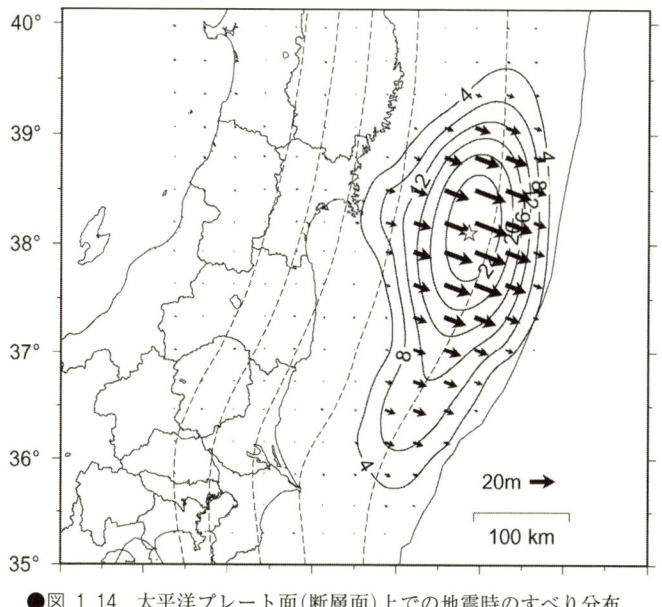

●図 1.14　太平洋プレート面（断層面）上での地震時のすべり分布
　　　　　単位：m．（国土地理院）

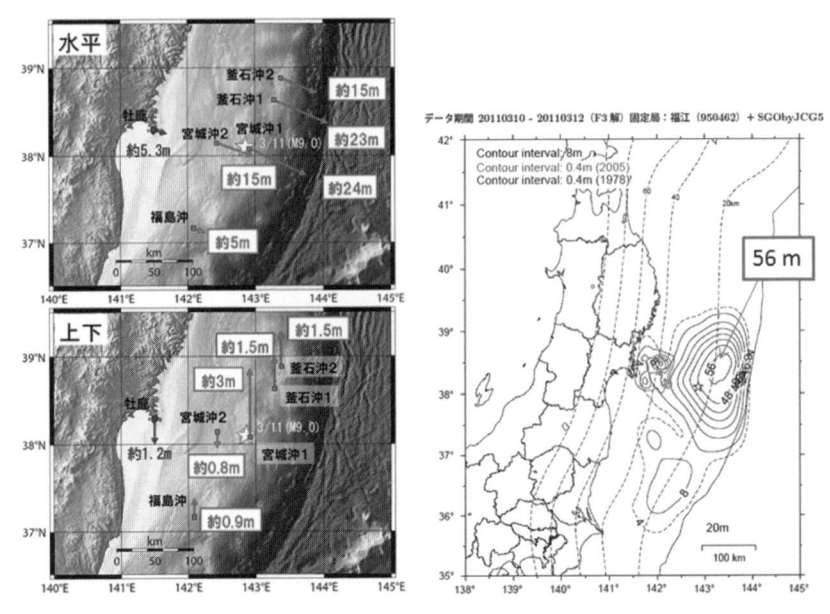

●図 1.15 海底地殻変動のデータ[10] を入れるとすべりの量はより大きくなる
（左：海上保安庁 HP，右：国土地理院 HP より）

している．つまり，もし，測地学的な断層すべりが，地震学的なすべりより有意に大きければ，この地震は低周波地震，あるいは津波地震であったことが示唆される．今後の調査研究の進展によって，震源での出来事の詳細が明らかになり，巨大津波を発生させた機構が明らかになると考えられる．第 2 章では，津波の発生メカニズムについて詳しく論じられる．

1.2.8 ── 余効的すべり

地震後 6 か月が経過した 9 月になっても余震活動は続いている．そればかりでなく，プレート境界は，地震後でもゆっくりすべり続けているのである．国土地理院の GPS データがこのことを明確に示している．岩手県山田では，地震後 5 か月で約 70 cm 東に動いた．また，銚子でも約 40 cm 東に動いている（図 1.16）．これは，断層面でのすべりに直すと，岩手沖で 240 cm，銚子沖で

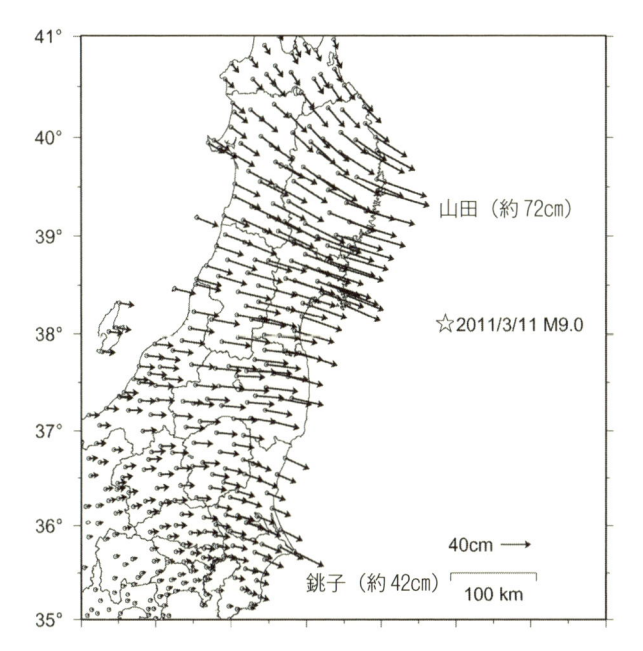

●図 1.16　東北地方太平洋沖地震（M 9.0）後の地殻変動（水平，8月30日まで）
地震発生後，余効変動と考えられる東向きの地殻変動が観測されており，8月30日現在，山田観測点（岩手県）で約72 cm，銚子観測点（千葉県）で約42 cmなどの地殻変動が観測されている．（国土地理院）

も100 cmに及ぶ（図 1.17）．M 9.0の超巨大地震の震源断層が3分程度の時間に形成され，その後4か月間でM 8.5に相当するゆっくりとしたすべり，余効すべりがプレート境界で進行しているのである（図 1.18）．このすべりは，大局的には本震のときのすべりと同じ方向，つまり，太平洋プレートが西に傾き下がるように沈み込み，東北日本の陸地が東側にせり上がる方向に進んでいる．ただし，余効すべりが発生している領域は，本震時に大きくずれた領域より，やや深部と北部・南部のプレート境界上である．

　この余効すべりによって，東北日本は地震発生後6か月経っても東西に引き延ばされている．その速さは徐々に遅くなっているが，9月になっても1週間で1 cm程度の大変な速さである．東北日本は地震前には1年間に1〜2 cm縮

28   1 巨大地震のメカニズム

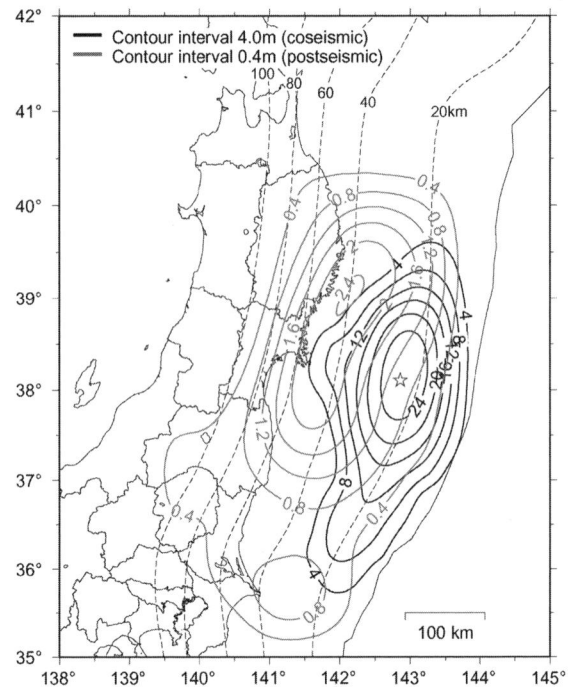

●図 1.17 地震時と地震後のプレート境界面上のすべり分布の比較
濃い等高線は地震時（4.0 m 間隔），薄い等高線は地震後（0.4 m 間隔）．（国土地理院）

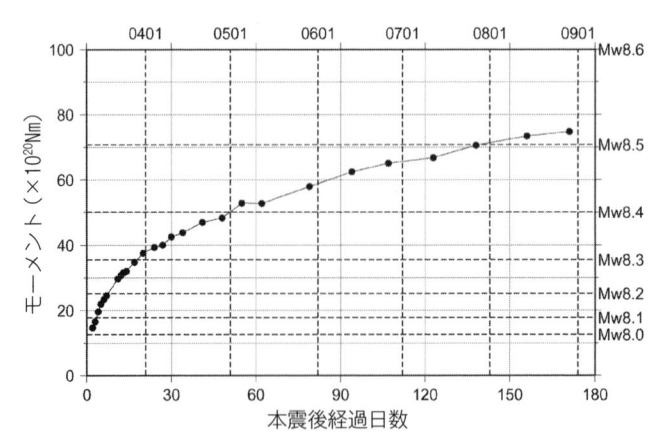

●図 1.18 地震後に解放されたモーメントの時間変化（9月上旬まで）（国土地理院）

んでいたことを思い出してほしい．東西方向の延びは，地震前の圧縮とは正反対である．このため，これまでは東西圧縮の力によって地震が発生していた東北から関東にかけての浅い地殻内の力のバランスが変化した．たとえば，4月11日に起きたM 7.0の地震は東西引張り場で起きる型の地震であった．この地域では，これまでは東西圧縮の型の地震が起こっていたのである．

さて，本震時と余効変動の地殻変動でもう一つ気になることがあった．それは上下変動である．太平洋岸は，本震時には最大で1.2 m沈降した．東北地方全体としてもおおむね沈降した．本震後の余効すべりによって，岩手県北部の沿岸域を除いて，ほぼ，本震直後に比べて隆起している．沈降と隆起の違いは，太平洋プレート上のすべりの東西の位置によって説明できる．すべりの方向が同じでも，すべりの位置が東方の海溝に近い（浅い）所だと東北地方の東沿岸域は沈降し，西方の深い所にあると東北地方の東沿岸域は隆起することが理論的に示せる．地震直後の沿岸に近い所のデータは，GPS観測点が停電に見舞われたことで残念ながら知ることができないが，本震ですべった所より深い所で本震直後から余効すべりが始まっていたことが推定できる．

東北地方の太平洋沿岸域の上下変動には，大きな謎があった[11]．三陸のリアス式海岸は，最終間氷期の海成段丘が海抜最大数十 mの高さに発達しているので，長期的（約10万年程度の期間）に見るとほぼ不動ないしはゆっくり隆起している（<0.3 mm/年）．一方，過去100年間の験潮観測によれば，東北日本～北海道の太平洋岸は急速に沈降している（最大10 mm/年）．この沈降は，沈み込む太平洋プレートの引きずり込みによって起こっていると考えられる．では，大きな地震が発生するとどうなるのであろうか．これまでの，M 7～8級の地震では，地震時にも引き続き沈降したのである．つまり，地震間でも地震時でも太平洋岸はいつも沈降しているのである．この地質学的観察データと，測地学的観測データの食い違いを説明するために，次のように考えることができる．つまり，あるとき，非常に大きな地震が発生して，プレート境界の深い所まで大きくすべり，一気に沿岸部が隆起する．これが，超巨大地震による隆起説であった．ところが，M 9.0という超巨大地震が発生しても，沿岸部は大きく1 m以上も沈降したのである．これ以上大きな地震が発生しないとすれば，現在大規模に進行している余効すべりによって，沿岸部が最終的に

は地震発生前に比べて隆起する可能性が大きい．東北地方の太平洋沿岸では現在ゆっくりとした隆起が進行している．隆起の量は，まだまだ地震時の沈降量には及ばない．こうした動きの原因となっている余効すべりは，少なくとも地震発生6か月後でも止まる気配はない．しかし，余効すべりがいつまで続き，最終的に本当に沿岸部が地震前よりも隆起するのかは，今のところはわからない．世界の巨大地震の例を調べると，1964年アラスカの地震（M 9.2）では，数十年経ったいまでも余効すべりが続いているようであり，そうだとすると，この地震でも10年以上のかなり長い時間余効すべりが続く可能性がある．その間，東日本の地殻の力のバランスは，明治以降の測地学的に観測された状態とはまったく異なった状態となっているのである．

1.2.9 ── 余震域の拡大と誘発地震活動

3月11日の超巨大地震の発生後，非常に多くの余震が東北地方とその太平洋沖で発生した．そればかりでなく，この地震の直後から東日本を中心とした日本全土の広範な地域で一斉に地震活動が活発になった（図1.19）．たとえば，秋田沖の日本海の海底や，新潟・長野県境付近，日光・足尾地域，また，大島や富士山の下でも地震活動が活発になったのである．これらの地震は，3月11日のM9.0の地震の影響を受けて活発化したけれども，震源断層から離れた所で発生したので，余震とは区別して誘発地震という．余震と誘発地震の区別は実のところあまりはっきりしないので，たとえば，福島・茨城県境の活動を余震というか誘発地震というかは，あまりこだわる必要はない．ここでは，4月11日に起きたM7.0の福島県浜通りの地震は余震ということにしよう．この地震は，先に述べたように，東西に引っ張られる力によって発生した地殻内の浅い地震である．本震と余効すべりによって東日本が東西に引っ張られることによって発生した地震と考えることができる．

前述したとおり，余震を狭く考える場合には，本震の震源断層上のすべり残り部分が後から破壊したものということがあるが，実はそのような余震は余震全体からするとごく一部でしかない．もし，そうした仕組みだけで余震が発生するならば，余震のすべりの型は本震と同じ低角逆断層となるはずである．し

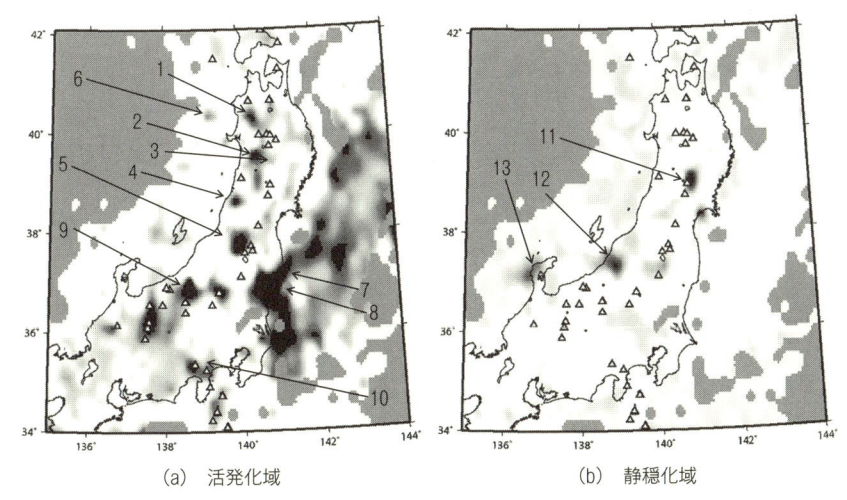

●図 1.19　3月11日以後に地震活動が活発化した地域（a）と，静穏化した地域（b）
気象庁一元化震源を用い，深さ20 km以浅のマグニチュード0.5以上の地震数を地震発生前8年間と，地震発生後1か月で比較した．数字は顕著に活動が活発化した地域（1. 秋田県北部，2. 秋田県南部群発活動，3. 秋田県田沢湖付近，4. 山形-月山群発地震活動，5. 会津群発活動，6. 秋田沖，7. いわき，8. 北茨城，9. 長野県北部，10. 静岡県東部）と，静穏化した内陸地震の余震域（11. 岩手・宮城内陸地震，12. 新潟県中越地震・中越沖地震，13. 能登半島地震）．他に，火山フロント周辺，銚子付近で活発化した．中国・四国地方は変化なし．（地震調査研究推進本部地震調査委員会（2011年4月11日）東京大学地震研究所資料をもとに加藤愛太郎氏作図）

かし実際には，本震震源断層のそばで起きた余震でも正断層型や横ずれ断層型のものも多い．このことから，余震の多くは，本震のすべりによって本震震源断層の周囲にひずみが生じたことによって発生すると考えることができる．誘発地震と余震は，本震の震源断層から遠いか近いかの違いだけかもしれない．

　余震の発生場所は，本震発生からの経過時間とともに拡大する傾向がある．今回の地震でも，余震域は茨城県から房総半島の沖合にまで南方に広がっている．これは，余効すべりが南方に拡大したことに対応している．したがって，余効すべりの広がりをモニターすることは，余震域の拡大を推定することに役立つ．本震震源断層の南側で余効すべりが継続していることは，本震よりは小さいがそれでもM7クラスの余震が茨城県沖や房総半島沖で発生する可能性が今後ともあることを意味している．

1.3 兵庫県南部地震との比較

2011年3月に東北地方太平洋沖地震が発生するまでは，1995年の兵庫県南部地震は，戦後わが国で最大の震災をもたらした大地震であった．本節では，この地震と今回の超巨大地震を比較して，2011年東北地方太平洋沖地震がいかに大きかったかを理解しよう．

既に震度分布を用いてこの二つの地震の比較を行ったが（図1.4参照），あらためて両者の震源断層の大きさを比較することから始める．

1.3.1 ── M7の地震とM9の地震

1995年兵庫県南部地震では，神戸から淡路島にかけての差し渡し約50 kmの地域が大きな揺れに見舞われた．この地震の震源断層はほぼ鉛直の右横ずれ断層であった．水平方向の長さが40 km，断層の深さ方向が20 km程度の領域が震源断層と考えられている．すべりは最大2 m程度であった．これに対して，2011年東北地方太平洋沖地震の震源断層の大きさは400 km×200 kmであるので，面積が兵庫県南部地震の100倍である．さらに，すべり量も10倍であるから，地震モーメントは1,000倍である．このことと，地震マグニチュード（M）と地震モーメント（Mw）の関係（(式1.1)）から，マグニチュードは2大きいことになる．1995年兵庫県南部地震のMが7.3（モーメントマグニチュードMwは6.9）であり，今回の地震のMが9.0であったことに対応する．つまり，2011年東北地方太平洋沖地震は，1995年兵庫県南部地震より1,000倍大きい地震だったのである（図1.3参照）．

1.3.2 ── 兵庫県南部地震：内陸の活断層で起きる地震

兵庫県南部地震の震源断層は，淡路島の野島断層に代表される内陸の活断層に対応していた．このため，この地震のあと活断層という学術用語がマスメディアでも広く使われ，一般にも有名になった．活断層とは，元来地理学や変動

地形学の専門用語であったが，内陸の地震の発生過程を理解するために重要な概念となり，広く地震学の用語としても使われるようになった．特定の断層に注目すると，活断層で起きる地震は，プレート境界で起きる地震に比べると，発生頻度は1桁以上小さく，1,000年から数千年に一度程度発生すると考えられている．

　この違いは，プレート境界の地震とプレートの中の地震という根本的な違いに基づく．たとえば，太平洋プレートと日本列島を形作るプレートの相対速度は8〜9 cm/年であり，南海トラフから西南日本に沈み込むフィリピン海プレートの西南日本への収束速度は5 cm/年である．活断層は活動度によってA，B，C級という等級に分けられている．A級活断層は，1,000年間に1 m以上10 m未満の平均変位速度をもつと定義されている．B級活断層は1,000年間に0.1 m以上1 m未満，C級活断層は0.01 m以上0.1 m未満の平均変位速度をもつ．つまり，A級の活断層でも1 mm〜1 cm/年の平均変位速度にすぎず，プレートの収束速度より1桁から2桁遅いのである．そもそもプレートというのは地球上の変形の単位であり，プレート内部では変形は少なく，変形はプレートの境界部に集中すると考えられている．しかし，厳密にはプレート内部でもゆっくりと変形が進み，これが活断層を動かして内陸の地震を発生させる．そのために，地震の発生頻度はプレート境界に比べて大変少ない．

　1995年兵庫県南部地震を起こした断層のうち地表でも観察される淡路島の野島断層は，B〜A級の活動度であり，プレートの運動に比べ100分の1程度にゆっくりと変形している．兵庫県南部地震の震源断層は，淡路島側では浅い所まで大きくすべり，地表までずれが現れたが，神戸側では地表での断層運動は見つからなかった．現在行われている長期評価と同じ手法で，1995年の兵庫県南部地震の発生直前に，この地震を起こした六甲・淡路島断層帯主部淡路島西岸区間「野島断層を含む区間」の地震発生評価を行うと，30年以内にM 7程度の地震が発生する確率は0.02〜8%である．この確率は，野島断層の平均活動間隔を1,700から3,500年の間と見積もったときの値である．この確率が大変小さいのは，内陸の地震を起こす地殻の変形が小さく，注目した断層での地震再来間隔が長いためである．それでも，1995年兵庫県南部地震が発生した．8%という数字は大きな確率を示していると考えるべきである．

1.3.3 ── プレート境界で起きる地震

2011年東北地方太平洋沖地震は，プレート境界で発生した地震であった．AA級（10 m以上/1,000年の平均変位速度）の活断層は，日本の陸上では見つかっていないが，海底では，太平洋プレートと日本列島を形作るプレートの相対速度は，80 m/1,000年であり，南海トラフから西南日本に沈み込むフィリピン海プレートの西南日本への収束速度は50 m/1,000年であるから，日本海溝から東北日本に沈み込むプレート境界や，南海トラフから沈み込むフィリピン海プレート上面のプレート境界は，AA級の活断層といえる．つまり，東北地方太平洋沖地震は，AA級の活断層で発生した地震ともいえるのである．

アメリカ大陸の西海岸カリフォルニア州にあるサンアンドレアス断層は，太平洋プレートと北米プレートのプレート境界で5 cm/年程度の横ずれ運動をしている活動度AA級の活断層である．ここでは，1906年サンフランシスコ地震（M 7.9）などの巨大地震が発生している．

日本でこのような陸上にあるプレート境界に相当するのは，東北日本と西南日本を隔てる糸魚川-静岡構造線断層帯である．糸魚川-静岡構造線断層帯の牛伏寺断層を含む区間で30年以内にM 8程度の地震が発生する確率は14％と大変高い．注意しなければならないのは，糸魚川-静岡構造線の全体がプレート境界ではないことである．構造線の北部の糸魚川付近は，現在は活動していない．活断層は長野県，新潟県の方に曲がり，信濃川沿いの断層が活断層となっている．また，詳しく見ると，この断層帯以外にも，長野市西部の断層に並列に存在する複数の断層があって過去に大きな地震が起きている．つまり，ここは1本のプレート境界というよりも，糸魚川-静岡断層帯から東北日本の日本海側の数十 km～100 km程度の幅をもった領域で，プレート間の変形が進んでいるのである．

1.4 世界の大地震との比較

1.4.1 ── 世界の巨大地震と 2011 年東北地方太平洋沖地震

　2011 年 3 月 11 日の M 9.0 の地震は，日本では過去最大の地震であったが，世界的にはどうであろうか．これまでに起きた世界最大の地震は 1960 年にチリで発生した M 9.5 の地震である．チリは日本とはちょうど地球の反対側にある．この地震でも大きな津波が発生し，日本にも 5 m を超える大津波が三陸海岸に押し寄せて，死者・不明者 142 人を出した．

　このほか，世界中を見渡すと，1900 年以降 M 9.0 以上の地震は 5 つ起きている（2 章図 2.22 参照）．1952 年にカムチャツカでは M 9.0 が発生し，1964 年にアラスカで M 9.2，2004 年にはインド洋大津波を起こしたスマトラ-アンダマン地震 M 9.1 も発生している．2011 年 3 月 11 日の東北地方太平洋沖地震は，世界でこれまで起きた地震の中で 5 番目に大きい地震である．やや小さいが M 8.8 の地震が 1960 年チリ地震の南隣で 2010 年に発生し，このときも，日本に津波が伝わってきた．2004 年スマトラ-アンダマン地震の南隣では，2005 年に M 8.6 の巨大地震が起きている．

　巨大地震が発生すると，震源の側だけでなく地球全体に影響を及ぼす．1960 年チリ地震で発生した地震の波は地球全体に伝わり，地球を何周もした．その結果，地球全体を振動させる自由振動が発生した．チリ地震では，この自由振動が当時開発された高性能の地震計によって初めて観測され，当時使われ出したコンピュータによる理論的な計算による地球自由振動の周期とよく合うことが確かめられたことでも有名である．M 9 程度の巨大地震が発生すると自由振動が励起されるだけでなく，地震後の地殻変動が生じて長い間継続する．アラスカの地震では 40 年以上経った現在でも，地震後の地殻変動が続いている．

　沈み込み帯のプレート境界では，M 9 クラスの超巨大地震が起きる．このクラスの地震になると，破壊される断層面は数百 km の長さとなり，一つの島弧全体を破壊する．破壊の大きさがその領域最大の地震となると同時に，大き

なすべり量となりプレート境界に溜まっていたひずみエネルギーをほとんどすべて解放することが重要である．M7やM8程度の地震では，溜まっていたひずみエネルギーの一部しか解放できないことと大きく異なる．M9を超えるような超巨大地震は，どのような沈み込み帯で発生するのであろうか．M9を超えるような超巨大地震が起きるのは，プレートの年代が比較的若く，収束速度が速く，沈み込み角度が小さい沈み込み帯に限られると考えられていたこともあった．ところが，2004年のスマトラ-アンダマン地震（M9.1）は，プレートの年代が古くて比較的低温で，さらに収束速度の遅い沈み込み帯という，これまでの常識では巨大地震が起こりにくいとされていた所で発生した．このことから，M9以上の地震のように大変まれにしか起きない地震が発生するか否かを，プレートの沈み込み帯の性質と，限られた地震発生の歴史だけから判断するにはデータが少なすぎることが指摘されていた[12]．同様なことは，2011年東北地方太平洋沖地震についても当てはまる．現在の限られた知識だけでは，どの沈み込み帯でもM9.0かそれ以上の地震が発生してもおかしくはないと考えるのが妥当かもしれない．ある見積もりによれば，1世紀間には平均して1〜3個のM9クラスの地震が世界中の沈み込み帯のどこかで発生するという．実際には，最近の50年間に既に6個の地震が発生しているから，このような超巨大地震の起き方も，時間的に一様に起きるのではなくて，集中する傾向があるのかもしれない．

　まれにしか発生しない巨大地震の性質をもれなく調べ上げて理解することには限界がある．このような超巨大地震の発生の可能性を議論するにはどうしたらよいのであろうか．こうしたときには，特定の地域だけではなく，全世界的な地震活動を調べてその結果を特定の地域の評価に利用する手法が有効となる．このためには，ある地域の大中小地震の起こり方（規模別頻度の特徴）と，全世界的に知られている地震発生の様式から，ある地域での大地震発生の「超過確率」（probability of exceedance）を考えるというアプローチが有効である[13]．これはある地域で発生する地震の最大規模をあらかじめ推定（想定）するのではなく，あるマグニチュードを超える確率を一定の刻みのMごとに，例えばM7.0からM9.5まで計算する方法である．こうした考え方は，既に大規模な洪水の発生する確率や，気候変動によって大雨の降る確率とそれに伴

うリスクの評価に用いられている．つまり，これまでのように，過去に知られている地震のデータから推定される最大地震の評価に加え，M 8.0 を超える巨大地震が特定の地域で発生する確率をすべて評価して，それに対する対策を考える必要がある．

1.5　南海トラフで起きる地震

1.5.1 ── 東海・東南海・南海地震

　日本の周辺にあるプレート境界で発生する巨大地震で，東北地方太平洋沖と並んで重要なものは，西南日本の下に沈み込むフィリピン海プレートの上面で発生する地震である．南海トラフ（舟 状 海盆）がフィリピン海プレートの沈み込み口になっている．この地域は，東から東海沖，東南海沖，南海沖と呼ばれ，これまで繰り返し巨大地震が発生してきた．最も最近のものは，1944（昭和 19）年の昭和東南海地震（M 7.9），1946（昭和 21）年の昭和南海地震（M 8.0）である．その前には，1854 年の安政東海地震（M 8.4）と同年の安政南海地震（M 8.4）が，さらにさかのぼれば，1707 年宝永地震（M 8.6），1605 年慶長地震（M 7.9）などが知られている．この他にも，古文書などの歴史記録，考古遺跡や地質記録などから，684 年の地震までさかのぼって調べられている（図 1.20）．これらの地震のうち，1605 年慶長地震発生より新しい時代では，巨大地震がもれなく調べられていると考えられ，これらの四つの地震が地震発生の長期評価に使われている．

　1946 年昭和南海地震は昭和東南海地震の 2 年 14 日後，1854 年安政南海地震は安政東海地震の 32 時間後に発生し，宝永と慶長のときにはほぼ同時に東南海と南海の地域で地震が発生したと考えられている．さらに，昭和の東南海・南海地震を除けば，過去四つの南海トラフ沿いの巨大地震はいずれも東海地震の震源域まで破壊の領域が及んでいた．つまり，過去の例では，ほぼ同時か数年を経ずに東海から東南海，南海の地域で地震が起きているのである．

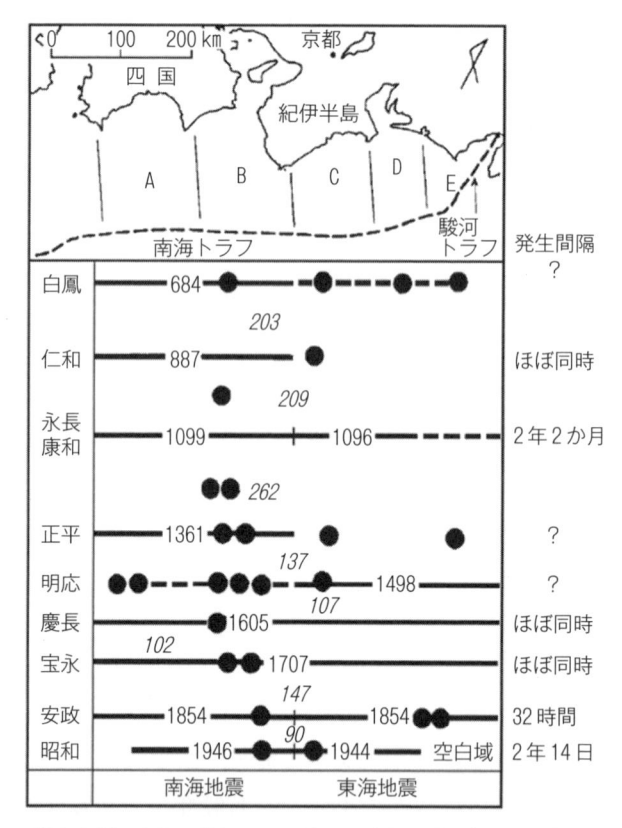

●図 1.20　南海−駿河トラフ添いの巨大地震の時空間図[14].
石橋[15] による図に寒川[16] の結果（黒丸）を加えたもの．斜体
の数字は，巨大地震の発生間隔を示す．石橋・佐竹[17] を改変．

　東海地震がいつ起きても不思議でないと考えられているのは，昭和の東南海・南海の地震時に東海沖の南海トラフ沿いのプレート境界まで破壊が及んでいないためである．1854 年安政東海地震では東海沖まで破壊されたと考えると，昭和の東南海地震では破壊されていないので経過時間が 157 年となり，平均の発生間隔に比べて長い時間が経っている．確率の計算では，平均の発生間隔として，明応東海地震（1498 年），慶長地震（1605 年），宝永地震（1707 年），安政東海地震（1854 年）の四つの地震の発生間隔の平均値 119 年が用いられている．これらが，東海地震の発生確率「30 年以内に M 8.0 程度が発生する

確率は87%」を求めるためのデータである．

　さらに，次の南海地震と東南海地震についても，昭和の南海地震からも65年が経過していることから，「30年以内に発生する確率は60〜70%程度」と高くなっている．このことから，東海地域が単独で破壊されるより，東海から東南海と南海地域の三つの地域が同時に破壊されて超巨大地震が発生する可能性が高くなっていると考えられている．もし三つの地域が同時に破壊される地震が発生すれば，その規模はM8.7と評価されている．過去の南海トラフ沿いの地震によって解放されたずれの総量は，おおよそフィリピン海プレートと西南日本の収束速度から予想される量と合っていることから，南海トラフ沿いの領域では，プレートが通常は100%固着していて，M8クラスの地震によって解消されると考えられている．過去の最大規模の地震は宝永地震（M8.6）であるが，この地震の規模は，その西の端がこれまで考えられていたより西寄りになるともう少し大きくなる．また，これまでの研究で推定されている震源域より沖合の領域も東北地方太平洋沖地震のときのように破壊されれば，南海トラフ沿いでM9の地震が起きることが否定できなくなる．これらの地域で同時に地震が発生して超巨大地震となる可能性については現在研究が進められているので，その成果に期待したい．このときには，先に述べたように最大の地震規模を推定するということだけでなく，最大規模を超える可能性（超過確率）も考える必要があることを忘れてはいけない．

1.6　地震活動のモニターと予測・予知

1.6.1 — 地震活動の現状把握

　将来の地震活動を予測するためには，現に起きている地震活動を正確に把握する必要がある．日本では，1995年の阪神・淡路大震災の後，国として基盤的な調査観測を実施することになり，その一つとして高感度地震観測網（Hi-net）が独立行政法人防災科学技術研究所によって整備された．全国一様に約

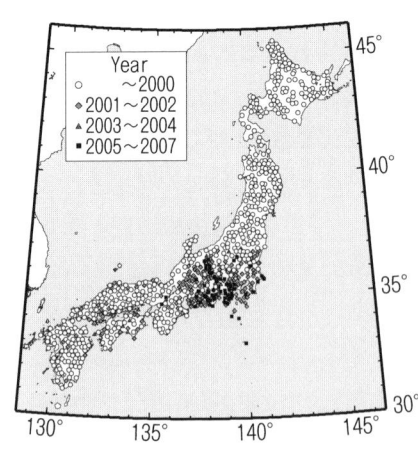

高感度地震計　Hi-net（全国に約780台）　　　GPS：GEONET（全国に約1400台）

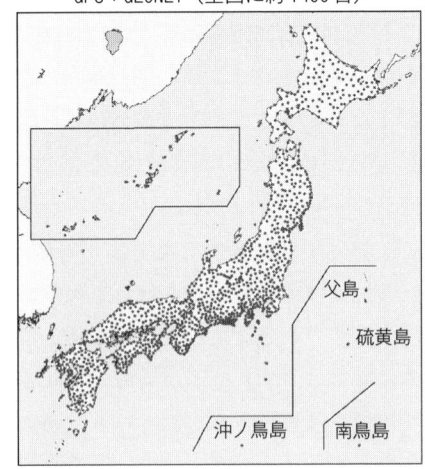

●図 1.21　世界に類を見ない基盤的観測網の整備
（左：防災科学技術研究所[26]，右：国土地理院）

20 km 間隔に全部で約 800 か所の地震計が配置されている．また，国土地理院によって GPS の観測点が約 1,400 か所に設置されて，毎日の日本列島の動きを監視している（図1.21）．

日本では 1960 年代から大学の高感度の微小地震観測網が少しずつ整備され，気象庁の定常観測網，防災科学技術研究所の Hi-net とを合わせると，全部で 1,200 か所以上の高感度の地震観測点があり，そのすべてのデータが気象庁にリアルタイムで転送され，一元的に処理されている．その結果，気象庁では毎日数百個の地震の震源を決めて公表している．このなかには，人間には感じられない無感地震が多く含まれている．関東では有感地震が 1～2 か月に 1 回程度発生し，無感地震を含めると 10 分に 1 回程度は発生することになる．ただしこれは，2011 年東北地方太平洋沖地震の発生する前の状態であり，その後の事情は変わっている．少なくとも東日本の地震活動は，この地震の前に比べて数倍～10 倍くらいに高まっている．これには余震も含まれているが，通常の余震域よりはるかに広い領域の地震活動が活発になっていることは，大規模な余効すべりと関係があるので，かなり長いあいだ日本列島の地震活動は，2011 年 3 月 11 日以前と比べて活発になることが予想される．

1.6.2 ── 緊急地震速報早期検知システム

　2007年10月1日から気象庁は「緊急地震速報」を一般へ提供し始めた．これは，地震の波には，速く伝わるP波と遅く伝わるS波があることを利用して，揺れの大きなS波の到着と揺れの大きさを，揺れの小さいP波の情報から予測する技術に基づいている．日本中にある高感度の地震計によってわずかに振動するP波をいち早く検出し，地震の発生した場所（震源）と地震の規模（M）を瞬時に計算して，それに基づきそれぞれの場所でのS波の到着時刻と揺れの大きさ（震度）を予測する．地震が発生した後でいち早くP波を検出するのであるから，これは地震予知ではない．しかし，大きな揺れの発生する前に揺れの始まる時刻と揺れの大きさを予測する情報なので，マスメディアやインターネット情報でも「地震予知」と誤って伝えられることがあるので注意が必要である．P波は6 km/秒程度の速さで伝わり，S波は3~4 km/秒で伝わるので，震源からの距離が10 kmであれば，S波はP波より1~2秒遅れて到着することになる．

　3月11日の東北地方太平洋沖地震のときにどのように情報が発せられたか見てみよう．M9.0の地震は3月11日14時46分18.1秒に宮城県沖で発生した．正確にいえば，巨大地震の破壊が始まったのが46分18.1秒である．この地震の揺れは22.1秒後の46分40.2秒に石巻大爪で最初に検知された．その5.4秒後の46分45.6秒に最初の情報（第1報）が発せられた．第1報では，M4.3で最大震度1程度と推定され，その後，データが増えるに従ってほぼ毎秒情報が更新された．最初の地震検知から8.6秒後の第4報で，地震規模M7.2，宮城県中部で震度4から5弱程度の揺れに見舞われると予想された．地震検知から105.0秒後の第14報（14時48分25.2秒）で，三陸沖でM8.1の地震が発生して，宮城県中部では震度5弱から6弱程度の揺れになることが予測された．震源に一番近い牡鹿半島では，第1報が出てからS波が到着するまでの時間（猶予時間）は10秒程度であったから，第4報（震度5弱の予想）の1秒程度後に強い揺れに見舞われたことになる．震源から180 km離れた福島県相馬市では第1報からの猶予時間が20秒程度あったので，震度5弱の揺れがくると予測（第4報）されて実際に揺れるまでに10秒程度はあった

ことになる．一方，東京都23区は震度3から4程度の揺れが第12報で予想された．第12報は第1報の65.1秒後に発せられた．東京都の23区では，第1報からの猶予時間は70秒程度と十分あったが，震度4の揺れが予想された第12報からは5秒程度しかなかったことになる．筆者が，霞が関のビルで受け取ったのは第1報（宮城県沖，M 4.3，最大震度1）と第17報（宮城県沖，M 8.1，最大震度6弱）であった．つまり，第1報で宮城県沖で地震が発生したことはわかったが，しばらくして揺れが始まり，その直後に第17報を受け取って，これがM 8.1の巨大地震であることを認識したのである．気象庁の記録によれば，東京都千代田区で震度4相当以上の揺れが130秒間続き，最終的に震度は5強を記録した．この揺れで，首都圏でも鉄道・高速道路などのインフラが完全に麻痺した．この時間の経緯からいくつかの問題点を指摘できるが，何よりも実際に揺れる前に情報が届けられたことは，緊急地震速報の仕組みが所期の目的を達していた点で高く評価することができる．しかし，3月11日の地震の規模は，緊急地震速報の仕組みを考えたときの想定を超えていた．とりわけ重要だったのは，震源断層が形成されるのに，約3分間かかった点である．緊急地震速報では，震源の広がり（断層の大きさ）をある程度は考慮しているが，破壊が数分間の時間をかけて数百kmの領域に広がるというような状況には対応していない．このことは，巨大地震の発生が懸念されている東海，東南海，南海地震の発生で，正確な情報を迅速に出すために今後検討しなければならない重要な点である．なお，ここに記載した緊急地震速報の情報は筆者が受け取っている「高度利用者向けの緊急地震速報」であり，一般の人がテレビ等から入手できる「一般向けの緊急地震速報（警報）」は，東北地方では発信されたが関東地方では発信されなかった．首都圏で予測された揺れの大きさが，一般向けの情報を発信する基準に達していなかったからである．巨大な地震による長周期の揺れなどは，震源から遠く離れたところでも大きな被害を及ぼす恐れがあるので，情報を出す基準についてもさならる検討が求められる．

気象庁は緊急地震速報に引き続いて，実際の揺れを観測したことを知らせる「地震情報」を発表した．地震発生から2分後の14時48分には，宮城県北部，宮城県中部で震度6強であったことが発表され，14時49分には宮城県北部で

震度7が観測されたことが報じられた．さらに，ほぼ同時刻の14時49分には，岩手県，宮城県，福島県に「大津波警報」が，北海道太平洋沿岸中部，青森県太平洋沿岸，茨城県，千葉県九十九里・外房，伊豆諸島には「津波警報」が出された．大津波警報とは，波高3mを超える津波のくることを知らせる警報である．筆者はこのとき霞が関のビルの16階にいて会議中であったために，すぐにテレビを見ることができなかったが，緊急地震速報（揺れる前の情報），地震情報（揺れた結果を知らせる情報），津波警報を携帯電話で受け取った．テレビがついていれば，すべての番組中でこの情報が自動的に流されて視聴することができたはずである．テレビ放送はこの後，地震・津波に関する特別番組に変わり，津波が市街地に押し寄せる映像をライブで報じた．福島県相馬市にある津波計（検潮計）によると，14時55分に0.3mの押し波の第1波を観測して以降，15時50分に7.3m以上の最大波がきた．「以上」というのは，津波計が振り切れてしまったので実際の高さはもっと高いことを意味している．これらの時間推移をみると，大きな津波のくることを20分程度前には情報として報じている．ただし，速報として発せられた情報では，これまで経験したことのない大変大きな津波のくることは予想していなかった．これらの情報が実際の避難行動にどのように結びついたかは，今後の検証に待たなければならない．

1.6.3 ── 東海地震の予知の仕組み

実用的な地震予知の技術はまだ確立されていない．実用的な技術というのは，被害を及ぼすような大地震すべてについて，地震がくる前に必ず十分な確からしさで，地震の規模と場所，地震発生の時期を予測して，地震災害を軽減化する技術のことである．ところが日本では例外的に，東海地域で発生する巨大地震，いわゆる想定東海地震については，大規模地震対策特別措置法に基づいて地震発生の兆候を24時間体制で監視している．法律に基づいて，地震予知を行っているのは日本の東海地域だけである．そのようなことがなぜできるのであろうか．

24時間体制で監視しているのは気象庁である．監視の対象は，ひずみ（歪）

計という計器のデータである．気象庁は，東海地域で 27 か所のひずみ計のデータを監視している（図 1.22）．このデータから，想定東海地震が発生すると予想されているプレート境界（フィリピン海プレートとユーラシアプレート）の固着状態を推定し，東海地震の起きる前に発生することが予想されているゆっくりとしたすべり（前兆すべり）を検出し，もし前兆すべりが加速され始めたら東海地震の起きる可能性が高まったと判断するのである（図 1.23）．

こうした戦略で地震の発生を予測するためには，いくつかの前提がある．まず，(1) 大きな地震の前に，前兆すべりがあること．次に，(2) 前兆すべりを検出する観測網があって，地震の発生するある程度前に，つまり数日から数週間の猶予時間をもって前兆すべりを検知できることである．

まず一つめの前提を考えよう．実験室の中で岩石を破壊する実験，とくに，あらかじめ二つに割った岩石に力を加えてすべらせる実験では，主たる破壊（不安定すべり）の前にゆっくりとしたすべり（前兆すべり）が発生する[18]．その実験結果を説明する物理学的な理論[19]が作られていて，実際のプレート境界でも実験室と同様なことが起こっている可能性が高い．しかし，地震前に

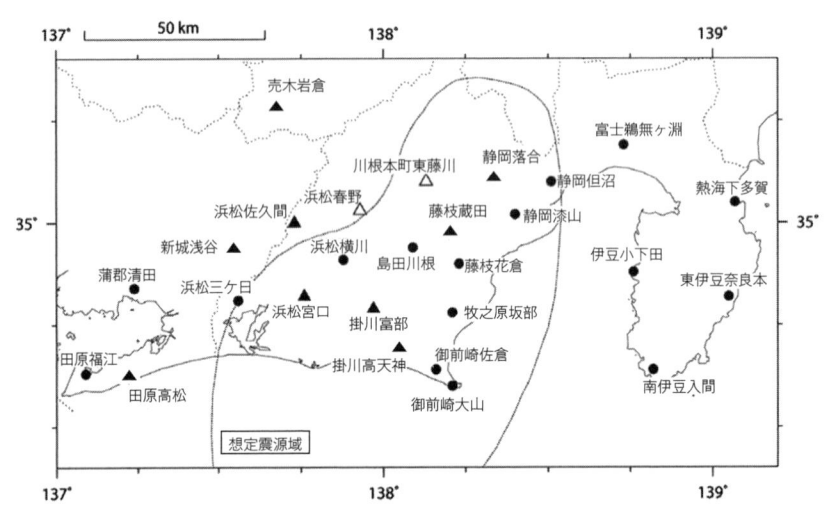

●図 1.22 東海地域のひずみ観測点
●：体積ひずみ計（気象庁整備 16 点），▲：多成分ひずみ計（気象庁整備 9 点），△：多成分ひずみ計（静岡県整備 2 点）．

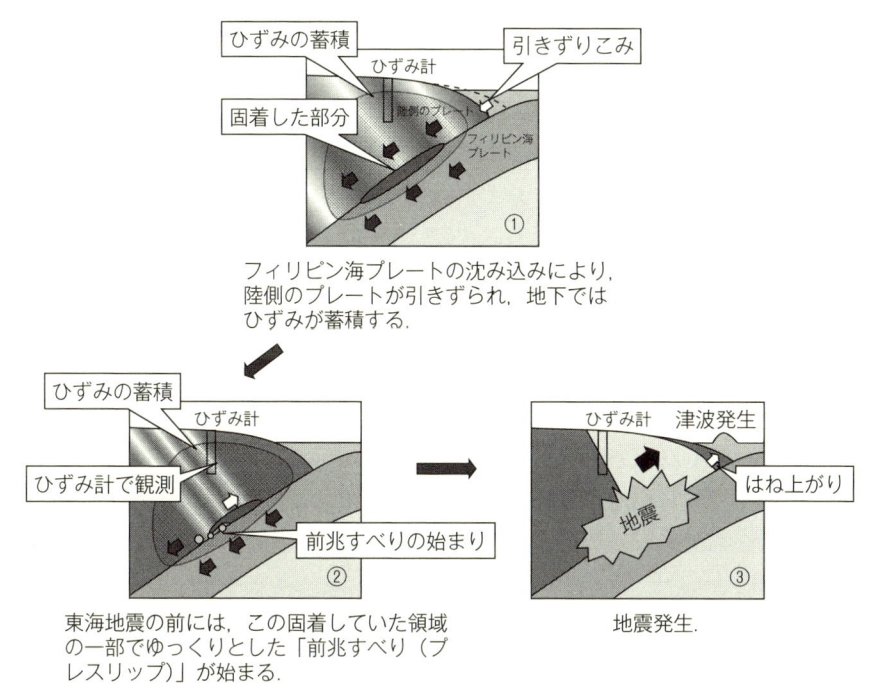

1.6 地震活動のモニターと予測・予知　45

●図 1.23　東海地震発生のシナリオ（気象庁資料より作成）

　ゆっくりとしたすべりが観測されたという報告[20,21]もあるが、前兆すべりが確実に観測されたことはない．もちろん東海地域では計測器で観測を始めてからまだ一度も大地震も前兆すべりも起きていないので、実験室での現象を野外での現象に「外挿する」ことの妥当性は確かめられていない．

　次に、ゆっくりすべりの検出可能性である．検出可能性は、発生する前兆すべりの大きさと継続時間による．これまでの実験室の研究や野外での類似の現象の観測によって、前兆すべりの大きさは本震が大きければ大きく、前兆すべりが始まってから本震が発生するまでの時間も長くなると予想されている．しかし、繰り返しになるが、東海地域でこのような巨大地震を観測したことはまだ一度もないので、本当に数日から数週間の猶予時間をもって、観測可能な前兆すべりが発生するかは誰にもわからない．

　それでは、気象庁の観測網の検出能力はどの程度なのであろうか．近年の研

究によると,プレート境界の固着とすべりの状態には,固着とすべりの中間的な状態のあることが観測的にも確かめられてきている（図1.24）.たとえば,浜名湖の下の深さ20～25 kmのフィリピン海プレートとユーラシアプレートの境界では,通常は堅く固着しているのに,2000年から2005年にかけてゆっくりとM 7.2に相当するすべりが発生した.また,通常は固着して地震時にすべる地震発生領域の下方のプレート境界では,1週間から10日くらいの時間をかけてゆっくりとすべり,M 6からM 7に相当するエネルギーを解放する現象が,西南日本全域で発見された.2000年から2005年にかけて発生した現象を「長期的ゆっくりすべり」,1週間程度の時間ですべる現象を「短期的ゆっくりすべり」と呼んで区別している.短期的ゆっくりすべりが起きるときには,深部低周波微動という,まるで火山の下で発生するような微動がプレート境界で発生している.低周波微動の中には通常の微小地震に比べて周波数の低い「低周波地震」が発生することもあり,気象庁の震源リストで,特別の印が付けられている.ゆっくりすべりは,場所によっては半年に1回程度の頻度,あるいはもっと頻繁に発生することが知られている.気象庁の東海地震の監視システムでは,この低周波地震とゆっくりすべりが検知されている.東海地域の27か所のひずみ計データの監視によって,短期的ゆっくりすべりはM 6程度までほぼリアルタイムで監視可能である[22].したがって,現在の予知

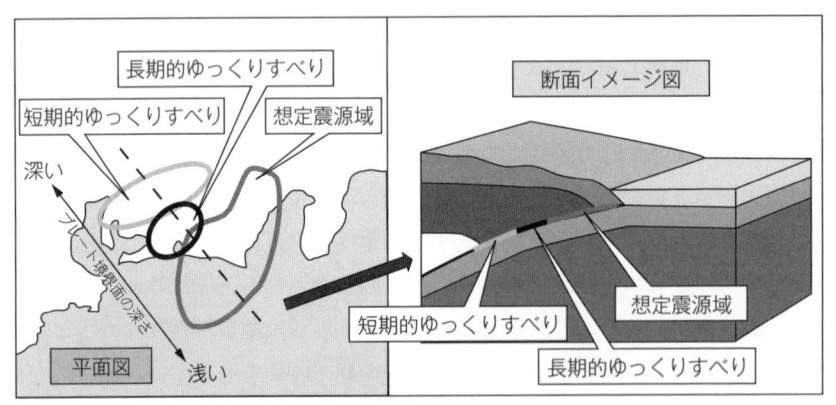

●図1.24 東海地震の想定震源域,長期的ゆっくりすべりと短期的ゆっくりすべりの発生領域（気象庁資料より作成）

の体制では，実験室で知られている現象が東海地域でも発生し，その規模がM6以上であれば検出可能である．逆にいうと，それより小さい前兆すべりが発生しても検知することが難しい．また，そもそも検出可能な大きさと継続時間で前兆すべりが発生するかは，実際に地震が起きてみないとわからないのである．それでも気象庁が24時間体制で東海地域の27か所のひずみ計データを監視しているのは，もし実験室と同じことが起きている場合に，地震による人的被害を最小限に食い止めるために前兆すべりを見逃さないためである．

現在の日本の地震防災の仕組みの中では，東海地域の地震予知は防災対策の一部となっているが，全部ではない．気象庁もホームページで公表しているように，前兆すべりを観測せずにいきなり大地震が発生することもあれば，前兆すべりが発生したと判断しても実際には大地震が起きないこともあるのである．したがって，たとえば静岡県では，東海地震が予知できた場合とできなかった場合の両方に対する対応を定めて，県民に広報している．たとえば，建物の耐震化を進めることは予知できた場合にもできなかった場合にもきわめて有効であり，静岡県では耐震化に積極的に取り組んでいる．国の中央防災会議は，東海地震の死者数を約7,900～9,200名と予想しているが，予知できた場合には約2,000～2,300名になると試算している[23]．犠牲者を4分の1に減らせる可能性がある以上，できないかもしれないから予知は無駄とか，そのために他の防災対策がおろそかになっているから止めるべきであるとはいえない．

1.6.4 — 長期予測の仕組みと限界

直前の地震予知が難しい場合でも，長期的に見たときにある地域で大きな地震が発生する可能性を評価できれば，地震の災害を減らすことができる．これを，地震発生の長期予測という．地震予知と地震予測の違いにはいろいろな考え方があるが，本書では以下のように考えよう．いずれも，地震発生の場所と規模，時期を予測することに変わりはないが，予測（forecast）では発生の確率をある時間の幅，たとえば30年以内に発生する確率という言い方をする．もし，予測時期の幅を1週間とか1日のように狭めたときでも，十分に高い確率，たとえば60%といえれば，これを地震予知（prediction）ということが

できる．もし，対象としている地震の前に確実な前兆現象があれば，その現象を観測した後の大地震の発生確率は，通常の長期予測の確率に比べて桁違いに高くなる．一般には，そうした確実な前兆現象は観測されていないので，地震の発生予測は確率を用いた長期予測となる．

　日本では，1995年の阪神・淡路大震災のあと，政府の組織として地震調査研究推進本部ができて，地震によって強い揺れに見舞われる可能性を評価すること（長期評価）を始めた．ある地域が強い揺れに見舞われるかを予測するためには，次の2段階の評価が必要である．まず，(1)地下で発生する地震が，長期的にみてどの程度の確率で発生するかを評価する．次に，(2)注目している地域がそれらの地震によってどの程度の強さで揺れるかを予測する．注目している地域に影響を及ぼす地震は必ずしも一つではないので，可能性のあるすべての地震を拾い上げて，それらの地震によってどのように揺れるかを評価して，すべての地震の影響を考慮して強い揺れに見舞われる確率を計算する．(1)のためには，特定の震源断層での地震の発生頻度と地震の規模を予測する必要がある．地震調査推進本部では，地震発生の頻度の違いによって，海溝付近で発生する地震（海溝型地震）と活断層で発生する地震の2種類に分けて，地震の発生の可能性を評価している．

　地震発生の長期評価では，次のように地震発生の場所，規模，時期を推定する．まず，(1)地震の発生する可能性のある場所を考える．海溝付近のプレート境界を含む地域や活断層を含む地域を設定する．次に，(2)その地域で発生する地震の規模を評価する．たとえば，宮城県沖のある領域にM7.5程度の地震が発生するという評価である．このために，過去に起きた地震を調べて，注目している地域に起きる地震規模を推定する．最後に，(3)地震の発生時期の評価のために，過去の地震活動履歴に基づいていつ地震が発生するかを予測する確率モデルを作る．長期評価では，時期の予測については，たとえば10年とか30年以内にある規模の地震が発生する確率を計算している．これに対して，地震予知では時期の予測の範囲が数日とか1週間程度の短期間でも発生の確率が十分高くなる．確率が十分高い（たとえば，80％以上）ならこれは決定論的な予測，つまり地震が発生するかしないかの判断になる．しかし，地震予知の表現でも本来は，天気予報でも用いられている確率予測を用いるべき

であろう．

　地震調査研究推進本部の行っている地震発生時期の評価では，地震の発生を確率過程としてモデル化している．最も単純化して，引き続き発生する地震の発生間隔が，互いに独立で同一の分布に従うと仮定する．たとえば来店する客の数の推移のように，ランダムに発生する事象は同様に仮定してモデル化することができる．この確率過程の特徴は，ある事象（地震の発生や来客）が一つ前の事象にだけ影響される（更新過程）ことで，そのため発生間隔の従う確率分布を与えると発生時期をモデル化できる．発生間隔の分布が指数関数である確率過程をポアソン過程という．この分布の形を決めるパラメータは，平均の地震発生間隔，一つだけである．ポアソン過程に従って地震が発生するということは，地震は時間的にランダムに発生するということである．また，このモデルでは，一つ前の地震が発生してからの経過時間は確率の計算には影響しない．つまり，地震が発生しても次の地震発生の確率は変わらない．

　一方，地震は，平均的にみると再来期間といえるような周期性をもって発生するが，平均的な周期の前後に統計的な揺らぎを伴って発生すると考えることのできる場合がある．このときには地震発生間隔がBPT分布（Brownian Passage Time 分布）として確率モデルを作ることができる．この分布では，「地震発生間隔の平均」および「ばらつき」が分布の形を決める二つのパラメータとなる．この分布では，いったん大地震が発生すると次の地震が発生する確率は減少する．

　統計的な地震発生モデルでは，当然ではあるが，過去に発生した地震の性質を将来に外挿して確率を求めているということを忘れてはならない．そのためには，過去に起きた地震の場所，時期，規模を，地球物理学的手法だけでなく，古記録，古文書などの歴史資料，考古学的記録，地質学的記録から復元する努力を継続しなければならない．

1.7　今回何を学んだか

　2011年3月11日に日本列島を襲ったM9.0の巨大地震は，日本の社会に大

きな衝撃を与えた．ここでは，地震学的に考えたときに，私達が学んだことをまとめてみる．まず述べなければいけないことは，この地震が世界最大級に大きかったということである．繰り返し述べてきたが，この地震が阪神・淡路大震災を起こした1995年兵庫県南部地震の1,000倍の大きさの地震であったことから，日本列島に及ぼした影響は計り知れない．とりわけ，大きな津波が発生したことによって生じた被害は，これまでの地震や津波の災害に比べても甚大なものであった．東北地方の太平洋沖はこれまでも地震活動の高い地域であり，過去の地震発生の履歴より求められていた地震発生の確率は，たとえば宮城県沖のように30年以内でM7.5程度が99%など，大変高いものであった．このような評価ができるのは，1995年の阪神・淡路大震災の後の国としての取り組みの重要な成果である．また，地震時と地震後の日本列島変形は国土地理院のGPSによってこれまで得られなかった規模と精度で詳細に記録された．さらに海上保安庁の海底地殻変動の測定によって，震源域の直上では20 mを超える大きな変位が観測された．これらは，M9.0の超巨大地震の発生の準備・震源過程とその余効変動の理解に必要な情報を提供した．世界中でもこれまでにない画期的なデータが得られた．

　一方，東北地方の太平洋沖でこのような超巨大地震が起きることが，日本の地震学界の共通認識であったかといえば，残念ながらそうではない．なぜ，超巨大地震を予見できなかったかは，地球科学的に正確に検証しなければならないが，現に東北地方太平洋沖でM9.0の超巨大地震が起きた今となれば，いくつかの「今から思えばそうだったのか」といえることがある．なにより，東北地方の太平洋沖での地震発生によって解放されたエネルギーと太平洋プレートが東北日本の下に沈み込むことによって蓄積されたエネルギーの間にあった矛盾を，観測データの不正確さや，陸上からは検知できない非地震性すべりに「押しつけ」て，巨大地震の発生を十分に検討してこなかったことは，今となっては悔やまれる．しかし，これまでの地球物理学の発展を振り返り，観測的な事実を理論的な考察によって乗り越えられたことは一度もなかったことを考えれば，仕方のないことであったかもしれない．

　東北地方の太平洋沖でM8をはるかに超える超巨大地震が発生していた確かな証拠がなかったことが，この規模の地震の発生を予測できなかった最大の

理由である．もちろん，こういうと二つの反論があろう．実は，津波堆積物の調査によって過去に東北地方に巨大な津波が押し寄せていたことがわかりつつあった．また，2004年のスマトラ-アンダマン地震の経験から，世界の沈み込み帯をみれば，どの沈み込み帯でも超巨大地震の発生する可能性のあることは，既に指摘されていた．前者については，今後その調査結果の評価と，結果を長期評価に生かす仕組みを検討することになろう．後者については，特定の地域で発生する地震の最大規模の評価方法を世界中の地震活動から見直すという観点からの研究が必要となる．

　阪神・淡路大震災の後，国として一元的に地震の調査研究を実施する体制の下に，地震とGPSの観測，活断層の調査の体制が確立したおかげで，日本の地震科学は，その前の数十年の成果に比べても格段に進歩した．とりわけ，沈み込み帯のプレート境界で発生する地震についての研究では，世界をリードしてきた．その結果として，この数十年間で再現される現象，つまりM8程度までの地震に関するデータが蓄積され，その発生に関する理解が進んだ．プレート境界には通常は固着していて地震時に急激に大きくすべる領域があるという「アスペリティモデル」の提案は，その一つである．しかし，これまで日本では一度も体験したことのないM9.0の超巨大地震が発生した今，プレート境界巨大地震の研究方法に新しい枠組みを考える必要がある．

　そのためには，日本とその周辺の現象にとらわれることなく地震現象を広くグローバルに考えることが重要である．これまでも，海外で発生した地震の研究を日本で発生する地震の理解に役立たせる努力を行ってきた．しかし，超巨大地震のような極低頻度の現象を理解するためには，日本とその周辺だけでは圧倒的にデータが不足している．ある地域で起きうる最大の地震規模は，どのようにしたら知ることができるのであろうか？　通常考えられるのは，以下のようなものであろう．(1) その地域の過去の地震履歴から推定する方法，(2) その地域で知られている最大の活断層の規模や，沈み込み帯のセグメントの大きさに基づく方法，(3) 類似の地学的環境をもつ他の地域で知られている地震の最大規模をその地域でも仮定する方法，(4) ある注目する地域で，プレートの運動から予測されるモーメントと解放されたモーメントから推定する方法．しかし，本質的な意味で巨大地震を経験するには研究対象にできる期間は最近

に偏っているため，(1)の方法ではうまくいかないことがある．2011年に東北地方太平洋沖で起きた地震はその例である．また，(2)の方法では，活断層の長さ，セグメントの長さの同定の基準が研究者の主観的な基準によることがあり，しばしば，地表で観察されているセグメント境界を乗り越えて破壊が伝播することがある．また，(4)の方法でも設定する領域をどのように決めるかは解析する研究者やその結果を利用する関係者によって主観的に異なってしまうことがある．つまり，対象地域を小さくしすぎると地震データが少なくなり，大きく考えると注目するプレート運動が実際の運動を反映しづらくなる．もしかすると，ある地域で将来発生しうる最大の地震規模はいくつか，という質問自体が科学的・客観的に答えを出すことのできない設問なのかもしれない．では，どうしたらよいのだろうか．一つの方法は，特定の地域の地震規模を問題とするよりは，地球全体のすべての沈み込み帯の地震発生の統計的な性質を調べて，それをそれぞれの地域に適用することである．つまり，多数ある小さい地震のデータ（場所，地震規模ごとの発生数）と，低頻度の巨大地震を世界中で調べて，それらを統一的にモデル化する方法である[13]．この方法では，ある地域で発生する地震の最大規模そのものは推定できないが，ある規模以上の地震の発生する確率を評価することができる．確率を完全に客観的に記述できる点が優れている．

　最後に，プレート境界の地震の発生を説明する「アスペリティモデル」はもはや有効でないのであろうか？　この質問も，アスペリティモデルとは何かを明確にしてからでないと答えられないが，筆者の理解しているアスペリティモデルについていうなら，今後ともこのモデルは重要であり，さらに発展させなければならない．つまり，プレート境界での固着とすべりの仕組みを理解するために用いた概念モデルとしての有効性は今でも薄れていない．プレート境界にあるアスペリティの物理的実体の解明とその動力学的性質の解明は，プレート境界付近で起きる物理・化学的プロセスを理解するためには不可欠であり，そのための研究を今後とも進める必要がある．プレート境界地震の発生予測のためにも不可欠である．今後は，この概念モデルとしてのアスペリティモデルを方程式で記述できる物理モデルに進化させなければならない[たとえば24),27]．同時に，最大の地震規模の予測のような低頻度の現象の理解のためには，よりグ

ローバルな視点の導入も必要である．アスペリティモデルの進化のためにも普遍的な物理・化学的原理からの理解と世界中の地震発生の様式からの理解の両方が必要である．そのためにも，世界中で最も地震や地殻変動の観測装置が整備されている日本で発生したM 9.0の超巨大地震の震源過程と余効的地殻変動の詳細をできる限り正確に記録して，次の巨大地震の発生予測と震災の軽減に役立たせる地道な努力が必要である．

■参考文献
1) Hirose, F., K. Miyaoka, N. Hayashimoto, T. Yamazaki and M. Nakamura (2011): Outline of the 2011 off the Pacific coast of Tohoku Earthquake (Mw 9.0)—Seismicity: foreshocks, mainshock, aftershocks, and induced activity—, *Earth Planets Space*, **63**, 513-518.
2) 気象庁：発震機構解と断層面 http://www.seisvol.kishou.go.jp/eq/mech/kaisetu/mechkaisetu2.html
3) Yoshida, Y., H. Ueno, D. Muto and S. Aoki (2011): Source process of the 2011 off the Pacific coast of Tohoku Earthquake with the combination of teleseismic and strong motion data, *Earth Planets Space*, **63**, 565-569.
4) Ide, S., A. Baltay and G. C. Beroza (2011): Shallow dynamic overshoot and energetic deep rupture in the 2011 M_w 9.0 Tohoku-Oki Earthquake, *Science*, **332**, 1426-1429.
5) Dietrich, J. (1979): Modeling of rock friction: 1. Experimental results and constitutive equations, *J. Geophys. Res.*, **84**, 2161-2168.
6) Yamanaka, Y. and M. Kikuchi (2004): Asperity map along the subduction zone in 294 northeastern Japan inferred from regional seismic data, *J. Geophys. Res.*, **109**, B07307, doi: 10.1029/2003JB002683.
7) Kanamori, H., M. Miyazawa and J. Mori (2006): Investigation 220 of the earthquake sequence off Miyagi prefecture with historical seismograms, *Earth Planets Space*, **58**, 1533-1541.
8) Ozawa, S., T. Nishimura, H. Suito, T. Kobayashi, M. Tobita and T. Imakiire (2011): Coseismic and postseismic slip of the 2011 maginutde-9 Tohoku-Oki earthquake, *Nature*, **475**, 373-376.
9) 池田安隆 (1996)：活断層研究と日本列島の現在のテクトニクス，活断層研究，**15**, 93-99.
10) Sato, M., T. Ishikawa, N. Ujihara, S. Yoshida, M. Fujita, M. Mochizuki and A. Asada: Displacement above the hypocenter of the 2011 Tohoku-oki Earthquake, *Science*, **332**, 1395; published online, 19 May 2011 (10.1126/science.1207401).
11) 池田安隆 (2011)：地質学的歪レート≈$10^{-8}y^{-1}$と海岸の沈降と，それらを説明するモ

デル，第190回地震予知連絡会資料．
12) McCaffre, R. (2007): The Next Great Earthquake, *Science*, **315**, 1675-1676.
13) Jackson, D. D., Y. Kagan, P. Bird, D. Schorlemmer and J. Zechar (2011): Estimating and testing earthquake magnitude limits, STATSEI 7-7th *International Workshop on Statistical Seismology*, 25-27 May 2011, Greece - Thera (Santorini) Abstract book 25-26.
14) 中央防災会議 (2003)：東南海，南海地震等に関する専門調査会（第16回）資料3—図表集1．
15) 石橋克彦（1994）：『大地動乱の時代』，岩波新書．
16) 寒川　旭（1997）：『揺れる大地　日本列島の地震史』，42-44，同朋堂出版．
17) 石橋克彦・佐竹健治（1998）：古地震研究に見るプレート境界巨大地震の長期予測の問題点，地震第2輯，50別冊，1-21．
18) たとえば，Scholz, C. H., P. Molnar and T. Johnson (1972): Detailed stidies of frictional sliding of granite and implications for the earthquake mechanism, *J. Geophys. Res.*, **77**, 6392-6406.
19) たとえば，Dieterich, J. H. (1992): Earthquake nucleation on faults with rate- and state-dependent strength, *Tectonophysics*, **211**, 115-134.
20) Linde, A. T. and I. S. Sacks (2002): Slow earthquakes and great earthquakes along the Nankai trough, *Earth Planet. Sci. Lett.*, **203**, 265-275.
21) Bouchon, M., H. Karabulut, M. Aktar, S. Ozalaybey, J. Schmittbuhl and M. P. Bouin (2011): Extended nucleation of the 1999 M-w 7.6 Izmit earthquake, *Science*, **331**, 877-880.
22) 小林昭夫・山本剛靖・中村浩二・木村一洋（2006）：歪計により観測された東海地域の短期的スロースリップ（1984～2005年），地震2，**59**，19-27．
23) 中央防災会議「東海地震対策専門調査会」（2003）：東海地震に係る被害想定結果について，事務局（内閣府（防災担当））．
24) Kato. N. and S. Yoshida (2011): A shallow strong patch model for the 2011 great Tohoku-1 oki earthquake: A numerical simulation, *Geophys. Res. Lett.*, **38**, L00G04, doi:10.1029/2011GL048565.
25) 地震調査研究推進本部地震調査委員会編（2011）：日本の地震活動—被害地震から見た地域別の特徴—〈第2版〉，地震調査研究推進本部地震調査委員会．
26) 汐見勝彦・小原一成・針生義勝・松村　稔（2009）：防災科研Hi-netの構築とその成果，地震2，61特集号，S1-S7．
27) Hori, T. and S. Miyazaki (2001): A possible mechanism of M9 earthquake generation cycles in the area of repeating M7-8 earthquakes surrounded by aseismic sliding, *Earth Planets Space*, **63**, 773-777.

2

巨大津波のメカニズム

佐竹健治（さたけ・けんじ）
1958年生まれ．東京大学地震研究所地震火山情報センター長，教授．
［研究分野］巨大地震，巨大津波．
発生繰返し間隔の長い巨大地震や巨大津波を地学的な変動現象として捉え，地震計や水位計などの計器観測だけでなく歴史地震や津波堆積物なども調査．地球上で過去に発生した地震や津波について分析を重ね，将来の発生や被害の予測を精力的に研究している．
［主な著書］『津波の事典』（編集．朝倉書店，2007），『きちんとわかる巨大地震』（共著．白日社，2006）

そのとき私は──

　2011年3月11日午後,東北地方太平洋沖地震が発生したとき,私は東京大学地震研究所の1号館6階にある自分の研究室にいた.前日の午後と当日の午前中は,気象庁で津波警報関係の会合に出席しており,昼過ぎに研究室に戻ったところであった.最初の揺れ(P波)を感じた直後に,同じフロアにあるモニターに駆けつけた.このモニターには全国の地震計や緊急地震速報のデータが表示されるようになっている.そこには既に数人が集まって「宮城県沖地震が起きたようだ」などと話していた.緊急地震速報のM(マグニチュード)はそのとき7.7を示していたが,東京にS波(主要動)が到達して大きく揺れる頃には7.9,さらには8と大きくなった.「Mが8を超えた」と誰かが叫んだ.その後,テレビのある部屋で気象庁の津波警報が出るのを見ていると,「所長も副所長もいません」という連絡がきた.当時の平田所長は文部科学省の会議に出席,中田副所長は新燃岳に出張中であったので,もう一人の副所長である私が,所員の安否確認や緊急対応の指揮をとる必要があったのだ.私がいた地震研究所の1号館は免震構造になっているため被害はまったくなかったが,2号館や3号館にいた人達は外に飛び出していた.そこで,所内の人に集まってもらい,建築の先生に建物の安全を確認してもらった上で,居室に戻るように指示をした.さらに緊急連絡網を使って所員の安否確認を取るとともに,関係者を招集して検討会を開催し,連絡本部の設置を決めた.地震研究所には,緊急時対応の規則があり,一定の規模の地震や火山噴火が発生すると検討会を開催することになっているのだ.また,当時私が委員を務めていた文部科学省の地震調査委員会からは,夜9時から臨時会を開催するという連絡がきた.そこで,地震研究所の観測データなどの収集と整理も所内の関係者にお願いした.副所長としての職務に追われてテレビを見る時間はほとんどなかったが,いつのまにか津波警報のレベルが上がり,範囲も広がっていた.また,仙台平野に浸水する津波の映像を見て,想定されていた宮城県沖地震よりは大きなものが起きたという印象をもった.

　勤務時間が終わる頃になって,地下鉄や電車が動いていないので,帰宅できない所員が多いことがわかり,非常用の仮眠室を開放することにした.地震調査委員会のほうは,釜石沖の水圧計データをはじめとして地震研究所が観測しているデータが集まり始めていたが,霞が関の文部科学省へ行く手段

がないことに気づいた．別の会議に出席していた所長を迎えに文部科学省へ向かった車からは，本郷3丁目まで行くのに30分かかり，霞が関に着くのはいつになるかわからないという連絡がきた．そこで，たまたま地震研究所にいた他大学の地震調査委員会のメンバーとともに，霞が関まで自転車で行くことに決め，ヘルメットをかぶって午後8時に出発した．本郷通りは渋滞してまったく動かない車や都心から歩いて帰る人で大混雑であった．約1時間かかって文部科学省にたどりつき，各機関のデータを検討して，地震調査委員会としての評価をまとめた．臨時会が終了したのは午後11時過ぎであり，また自転車で地震研究所に戻った．連絡本部で地震調査委員会の評価結果を報告し終えたころ，地震研究所に来ていた某新聞社の記者から，明朝飛行機を飛ばすので同乗してほしいと依頼された．所長に許可を得た上で午前2時に地震研究所をタクシーで出発し，約3時間かかって羽田空港に着いた．車中で，長野・新潟県境付近でM 6.7という地震が発生したことを知った．

　ようやく夜が明けてきた午前6時，羽田空港を飛び立った小型ジェット機は，福島第2，第1原発を迂回して，まず南相馬市へ向かった．海岸付近の低地では田畑に津波が浸水し，まるで入江のようになっていた（図2.1）．仙台平野に北上すると浸水域はさらに広がり，海岸から数kmまで達していた．仙台空港は滑走路がほぼ完全に水没しており，東部道路のあたりまで浸水していた（図2.2）．この空港ははたしてまた使えるのだろうか，とさえ思った．

●図 2.1　地震翌朝の南相馬市（2011.3.12 佐竹撮影）

●図 2.2 地震翌朝の仙台空港（2011.3.12 佐竹撮影）
滑走路が水没している.

　仙台港ではコンビナートが激しく燃えていた．このあたりから北は地面が雪に覆われており，石巻市まで行くとやはり海岸から数 km 浸水していた（図2.3）．仙台平野・石巻平野ともに，数年前に行った貞観津波のシミュレーションによる浸水域とそっくりであった．さらに北上して三陸海岸の女川町へ行くと，大きなビルを残して海岸付近の建物がすっかりなくなっていた．気仙沼では流された漁船や漁具などから無数の煙が上がっていた（図2.4）．陸前高田では，平地が浸水し海岸線がどこかわからなくなっていた．まるで海の中に立っているようなビルの屋上に残された人々をヘリコプターで救出していた．大船渡では，町の中まで漁船が乗り上げ，1か所で大きな火災が発生していた．三陸沿岸は明治や昭和の三陸津波に襲われてきたところであり，当時の浸水域からハザードマップが作成されていたが，それと同じ光景が眼下に広がっていた．

　この朝の飛行では，南相馬市から大船渡市までの約 200 km の海岸が津波によって大きな被害を受けていることが確認できたが，実際の津波の被災地はさらに広く，千葉県から青森県まで延びていたことは後の調査で明らかとなった．また，地震の翌朝はまだ津波が完全に引いておらず（津波警報はまだ解除されていなかった），後の現地調査で見ることになる大量のがれきはまだ水の下に隠れていた．

●図 2.3　地震翌朝の石巻市（2011.3.12 佐竹撮影）

●図 2.4　地震翌朝の気仙沼市（2011.3.12 佐竹撮影）

2.1 津波の発生メカニズム

2.1.1 ── 海底地殻変動と津波の発生

　東北地方太平洋沖地震は日本海溝から沈み込む太平洋プレートと東北地方を載せるプレートの間で発生したプレート間地震である．年間8～10 cm 程度の速度で沈み込むプレートによって蓄えられたひずみが一気に解放されて，岩盤がずれる（断層運動と呼ぶ）際の衝撃が波となって広がるのが地震波である．地下で断層運動が起きると，その上の地表あるいは海底で隆起・沈降などの地殻変動が発生する．3月11日にも，太平洋岸の牡鹿半島で地盤が1m以上沈下した．また，海底が数mの上下変動をしていたことが，海上保安庁や東北大学の調査から明らかになっている．

　後述するように，海底の上下変動の広がり（波長）が水深に比べて大きい場合，海底の変動がそのまま海面に生じて，津波の波源となる．日本海溝付近では水深が7,000 m程度あるが，波長に比べると水の層はずっと薄く，海底と水面の変動は同じであるとみなすことができる．顔を洗うのに洗面器の水を両手ですくい上げるようなイメージである．

　プレート間地震の場合，その沈み込む角度（断層の傾斜角）が30度以下と小さい．このような断層（低角逆断層と呼ぶ）運動が発生すると，断層の真上では海底が隆起し，深い側では沈降する（図2.5）．このため沈み込み帯の場合には，陸地側に沈降域が出現することになる．今回，牡鹿半島などの太平洋沿岸が沈降したのは，断層面が沖合にあったことを示している．このような海底変動から津波が伝播すると，陸側ではまず沈降域からの波が第1波となる．すなわち引き波から始まり，その後に隆起域からの津波が到達する．よく津波の前に引き波があるというのは，このような海底変動のパターンによっている．ただし，図2.5で断層から右側に伝わる津波は隆起域からの波が最初に来るので，初めの引き波を伴わない．海底地殻変動に対してどちらに位置するかで，引き波から始まるかいきなり大きな津波が来るかが変わってくる．

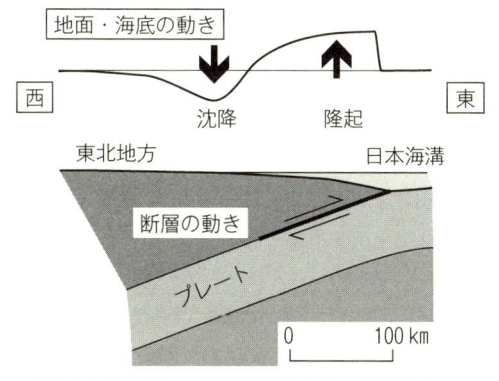

●図 2.5　プレート間地震による海底の変動

　津波は，地震以外にも火山噴火や地すべりによっても発生するが，地震による津波に比べるとその頻度は低い．また，上に述べた条件（波長が水深に比べて十分大きい）を満たさない場合が多く，局地的な影響に留まることが多い．

2.1.2 ── 津波の伝播とシミュレーション

　海面に生じた凹凸は重力を復元力として，波として伝わっていく．水の波は，波長と水深との関係によって，長波（浅水波）と短波（表面波，深水波）とに分類できる（図2.6）．波長が水深に比べて十分に大きい（通常10倍以上）場合，海底から海面までが同じように運動する．このような波を長波（波長が長いので），あるいは浅水波（水深が浅いので）と呼び，その伝わる速さ（伝播速度）は水深のみに依存する．一方，波長と水深が同程度の場合，水の運動は表面付近で大きく，深くなると小さくなる．このとき波の伝播速度は，水深によらず，波長のみで決まる．波長によって伝わる速さが異なるため，初期の形を保たず（分散と呼ぶ），波の高さは距離とともに小さくなる．このような波は深水波あるいは表面波と呼ばれる．

　津波は長波（浅水波）として扱うことができる．東北地方太平洋沖地震を含めた巨大地震による海底変動の波長は，断層の大きさと同程度，すなわち数十〜100 km程度であり，水深（最大でも7 km，太平洋の平均では4 km程度）に比べるとずっと長いからである．日本海溝は水深が7,000 mという深海で

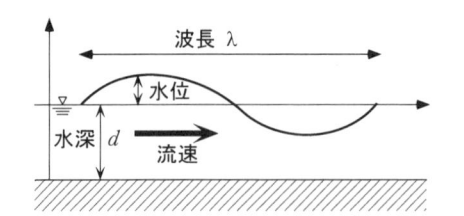

水の波は，波長 λ と水深 d によってその伝わる速さ（伝播速度）が異なる．

(1) 浅水波（長波）
$\lambda \gg d$（波長≫水深）のとき $c=\sqrt{gd}$
波の伝播速度は水深のみに依存する．

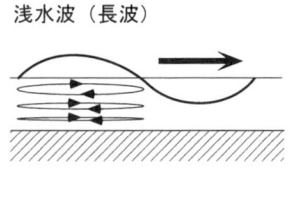

(2) 深水波（短波，表面波）
$\lambda \sim d$（波長〜水深）のとき $c=\sqrt{\dfrac{g\lambda}{2\pi}}$
波の伝播速度は波長のみに依存する．

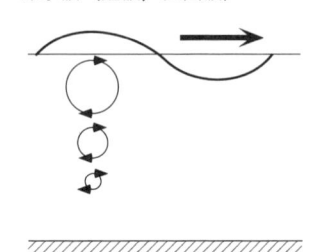

● 図 2.6 水の波の種類
津波は浅水波（長波）として扱うことができる．

あるが，巨大地震による地殻変動の大きさ（波長）に比べると浅い水として扱えることに注意したい．

長波の伝播速度は，水深と重力加速度（$g=9.8\,\mathrm{m/s^2}$）の積の平方根で与えられる．水深 4,000 m の深海では，伝播速度は約 200 m/s，時速にすると 720 km/h とジェット機なみの速さで伝わる．水深が 40 m になると，伝播速度は約 20 m/s，時速にして 72 km/h と自動車程度まで落ちる．海底でもち上げられた水が波として伝わるのだが，浅くなるにつれてその伝わる速度が小さくなるため，津波の高さは大きくなる．水深による津波の増幅は，単純化した近似では，水深が 100 分の 1 になると約 3 倍となる．すなわち水深 4,000 m で高さが 1 m の津波は，水深が 40 m になると 3 m の高さになるのだ．

津波は海底地形によって大きくなったり小さくなったりする．波の屈折・反射・回折により，岬の突端や V 字形の湾の奥では津波が大きくなるといわれている．また湾には固有の周期があり，それに一致した周期の津波が入ってくると共鳴して大きくなることがある．湾の固有周期は水深や湾の大きさによって異なり，津波の周期も地震によって異なるため，湾内の津波高の分布は毎回

同じになるわけではない．三陸海岸のようなリアス式海岸では，大小様々な湾があるため，津波の高さが場所によって大きく変化する．

　津波の伝播速度は水深によって決まるので，実際の水深データを使って，コンピュータで津波の発生・伝播のシミュレーションを行う．津波の数値シミュレーションは広く一般的に行われており，津波警報やハザードマップにも利用されている．

　津波の数値シミュレーションを行うには，海域と沿岸域を格子に分割し，各格子での水深（陸上の場合は標高）を与えて，水位を計算する（図2.7）．格子の中央で水位を計算し，格子の辺で水深を与えて流速を計算するスキームがよく用いられる（図2.7(a)）．初めは格子の中央で海底地殻変動の大きさ（初期水位）を与え，その勾配と各辺での水深から流速を計算する．水は高い所から低い所へ流れるが，その速さは水深によって決まるのである．次に，各辺を通して流出した水の量（体積）から，次の時間ステップの水位を求める．各辺

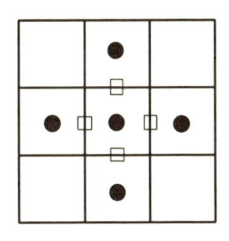

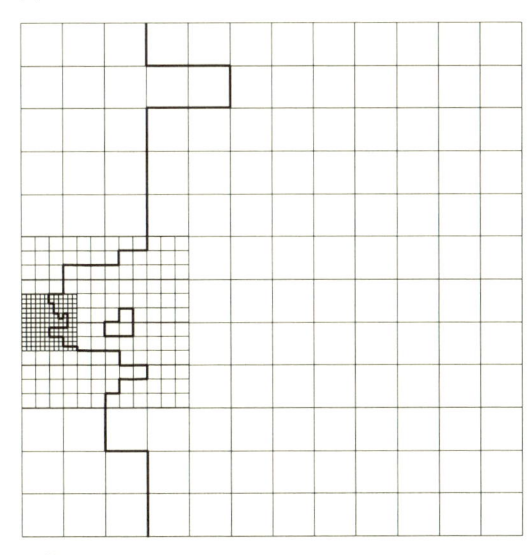

●図 2.7　津波シミュレーションの格子
　(a) シミュレーションを行うそれぞれの格子．(b) 外洋では大きな格子を，沿岸では細かい格子を用いてシミュレーションを行う．

を通して水が流れ出ていけば，格子の水位は下がる．この水位を使って次の時間ステップの流速を求める，という計算を繰り返すのである．ちなみに最初の計算は運動方程式に，2番目の計算は連続の式に対応する．

　格子の大きさは，深海の波源域では数km程度でよいが，沿岸で正確な計算をするには数十～100 m程度，陸上への遡上を計算するには数十m以下に細かくする必要がある．そこで，図2.7(b)のように計算対象とする沿岸へ向けて何段階かで格子を細かくするのが一般的である．このような数値シミュレーションによって，沿岸への津波の到達時間やそこでの水位（津波の高さ）などを予測することができる．

2.1.3 ── 津波警報とハザードマップ

　大きな地震が発生すると，気象庁から，各地の震度，震源・マグニチュード（M）とともに津波の有無，津波警報・注意報が発表される（図2.8）．津波警報は，津波に比べて地震波が速く伝わるという原理を利用したものである．前項で，津波は深海で200 m/sというジェット機なみの速さであると述べたが，

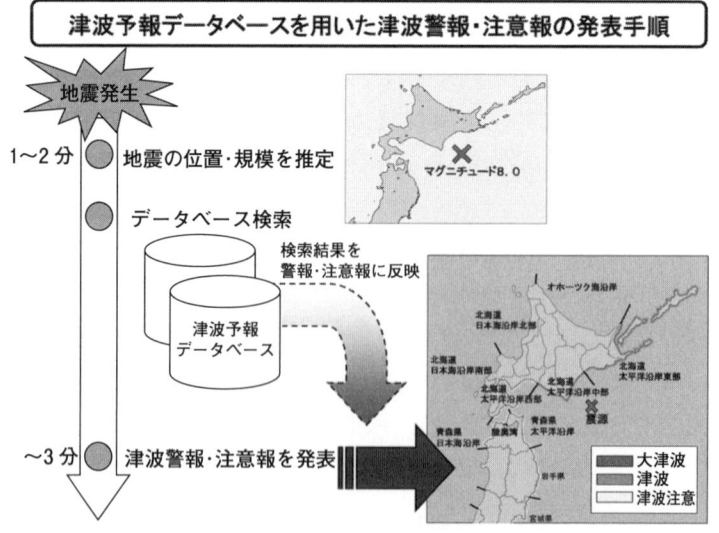

●図 2.8　気象庁の津波警報の仕組み（気象庁HPをもとに作成）

地震波はこの 10 倍以上の速さで伝わるため，震源からの距離が大きいほど，地震波が到着してから津波が来るまでの時間差が大きくなる．極端な例だと，太平洋の反対側の南米チリで発生した地震の場合，地震波は 20 分ほどで日本に到達するが，津波が到達するのには 20 時間以上かかる．

気象庁ではまず，全国的な地震観測網で記録された地震波形から震源とマグニチュードを決める．震源が沿岸や海域で深さが 100 km よりも浅く，M がおよそ 6.5 以上であれば津波の発生の可能性がある．地震による断層運動の詳細がわかれば津波シミュレーションを行って，津波の到達時刻や沿岸での高さを予測できるが，地震の発生直後に断層パラメータを正確に推定するのは困難だし，津波のシミュレーションには計算時間が必要である．そこで気象庁では，日本付近および海外で大地震の発生する可能性がある地域・規模（M）についてあらかじめ津波のシミュレーションを行っておき，その結果（各地の津波到達時刻と高さ）をデータベースとして作成してある．日本付近については，約 10 万通りのシミュレーション結果がデータベースとして蓄えられている．地震発生後に，その中から震源と M が最も近いものを選び，各地（日本の沿岸を 66 地域に分けてある）の津波到達時刻と高さの予想を発表する．さらには，各地の水位計（検潮所）で津波の発生，到達を確認して警報・注意報のアップデートや解除を行う．

津波警報には，津波注意報（高い所で 0.5 m 程度の津波が予想される），津波警報（高い所で 2 m 程度の津波が予想される），大津波警報（高い所で 3 m 程度以上の津波が予想される）の 3 種類があるが，さらにデータベースや実際の津波の観測結果に応じて，各地での津波の高さは 0.5 m，1 m，2 m，3 m，4 m，6 m，8 m，10 m 以上と細かく分けられている．

日本に津波警報システムができたのは 1952 年であるが，当時は地震発生（検知）から 20 分以内に警報を出すのが目標であった．1983（昭和 58）年日本海中部地震の際には 14 分で津波警報が発表されたが，実際の津波は地震発生後最短 7 分で到達し，100 名を超える死者が出た．気象庁では時間を短縮するためにシステムを改良し，1993（平成 5）年北海道南西沖地震の際には，地震後 5 分で津波警報を発表した．しかしこのときは震源域内にある奥尻島へ 5 分以内に津波が到達し，230 名を超える死者が発生した．気象庁ではさらにシ

ステムを改善し，緊急地震速報システムも活用して，現在では地震発生後3分程度で津波警報を発表している．

津波警報が出されても，それを聞いた沿岸の住民が，自分のいるところは安全なのか，危険な場合はどこへ逃げればよいのかを知らなければ意味がない．このような住民の行動を助けるため，津波ハザードマップが作られている（図2.9）．これは，都道府県あるいは市町村レベルで製作され，各家庭に配布され

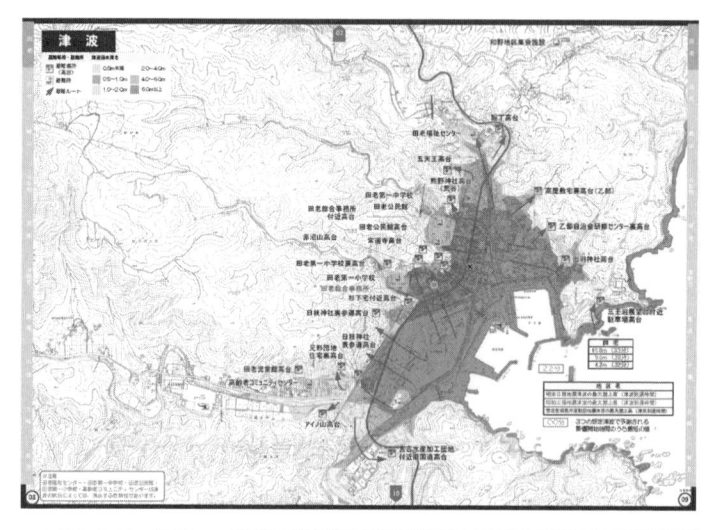

●図 2.9　津波ハザードマップ（宮古市田老町の例）右側はハザードマップと2011年の浸水域の比較（中央防災会議による）．

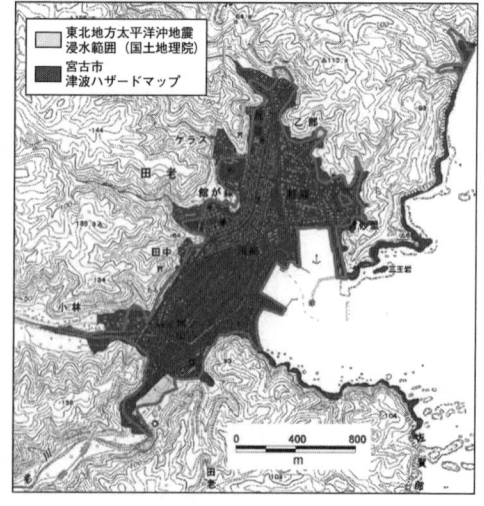

ている．過去に発生した津波の浸水域あるいは想定される地震からシミュレーションによって推定される津波浸水域のほか，地震発生から津波到達までの予想時間，避難場所などが示されている．

　津波のハザードマップは最悪の津波に備えて作成される．このため，津波警報や注意報が出ても，いつもハザードマップで予測された場所まで浸水するわけではない．規模の小さい地震はより頻繁に発生するため，ハザードマップで示されるよりも規模の小さい津波が発生する場合が多い．2010年2月のチリ津波の際には，警報・注意報を聞いた沿岸住民のうち約3分の1しか避難しなかった．このため，どうやって住民に注意を喚起するか，津波警報・注意報の精度をどうやって上げるかが問題となっていた．東日本大震災の前日および当日に筆者が参加した気象庁の会合では，まさにこの問題が取り上げられていたのだった．

2.1.4 ── 津波の観測

　深海で発生して沿岸に押し寄せる津波を観測するためにいくつかの種類の計器が用いられている（図2.10）．沿岸での水位観測は，検潮所（機関によって験潮場，験潮所とも呼ばれる）で行われてきた．検潮所はその名のとおり，本来は海洋潮汐を記録するためのものであるが，津波などの潮位変化も記録され，津波の解析に用いられてきた．ただ，沿岸（多くは港湾の中）にあること

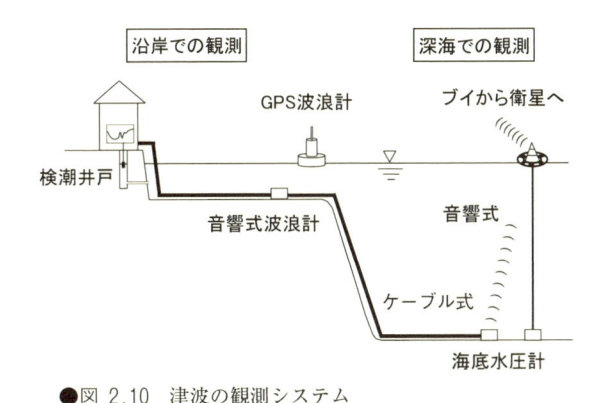

●図 2.10　津波の観測システム

が多いため，湾などの局地的な地形の影響を受けやすい．津波記録をより早く，より正確に記録するためには外海での観測が望ましい．このため，国土交通省によって全国の沖合の水深100〜300 m に GPS 波浪計が現在 12 台設置されている．GPS 波浪計とはブイに GPS 受信機を設置しその位置を正確に測定するものであり，津波のほか，波浪観測に用いられている．また，さらに沖合の深海底に，水圧計（津波計）が設置されている．これは海底で水圧を測定することによって，海面変化を記録するものである．日本周辺では気象庁，海洋研究開発機構，防災科学技術研究所，東京大学地震研究所によって海底津波計が設置され，そのデータは海底ケーブルを通じて気象庁などに送られている．太平洋やインド洋では，NOAA（米国海洋大気局）によって DART と呼ばれる津波計が設置されている．これは海底から海面のブイまで音波で信号を送り，ブイからは衛星経由で信号を受信するものである．

津波警報や事後の調査の際には，津波の第1波到達時刻や最大高さが報告さ

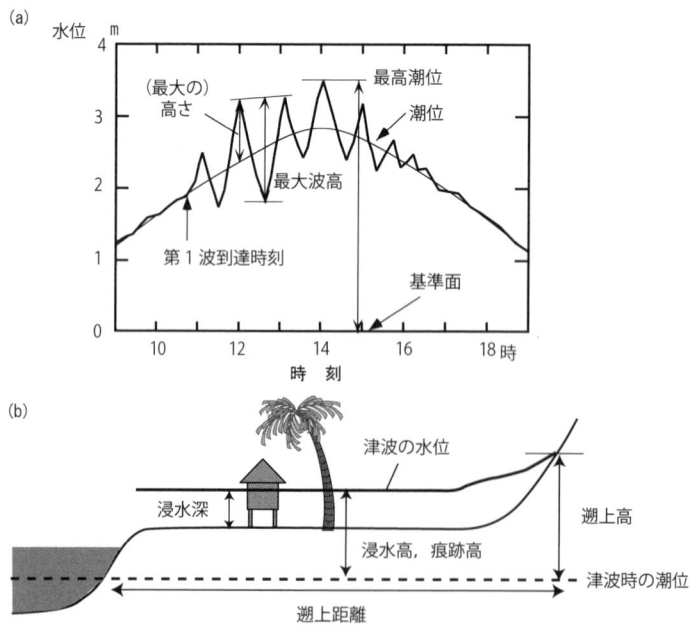

●図 2.11　津波の高さの測定法
（a）津波波形の解析，（b）現地調査などによる．

れる（図 2.11(a)）．第 1 波の到達時刻とは，海面に変動が現れ始める時刻である．津波の高さは，そのときの潮位から測る．したがって，同じ 1 m の津波でも干潮時に到着するのと満潮時に到着するのでは，実際の海面の高さは大きく異なる．また，波の高さとは（片）振幅を，波高は両振幅を指すので注意が必要である．

器械的に記録された津波波形のほか，現地の調査によって津波の高さを測定することが多い．この際の津波の高さとして，遡上高と浸水高とが使われる（図 2.11(b)）．水位計などがない場合，津波の痕跡から津波の高さを推定するのだが，痕跡（建物についた浸水の跡など）の高さを地面から測ったものを浸水深と呼ぶ．浸水深に，津波が来た際の水面と地面の差を加えたものが浸水高（または痕跡高）である．痕跡の高さは通常，調査時の海面から測定する．したがって，調査時と津波来襲時の潮位の差を補正する必要がある．浸水深がゼロになる所，すなわち津波の浸水限界での浸水高を遡上高と呼ぶ．そして海岸からその点までの距離を遡上距離と呼ぶ．

2.2 東北地方太平洋沖地震の予測と過去の津波

2.2.1 地震本部の長期予測

今回の震源地となった宮城県沖では地震や津波の発生は予測されていなかったのだろうか？ 政府の地震調査委員会では，東北地方沖の日本海溝・北海道沖の千島海溝沿いの大地震の長期予測結果を公表していた．宮城県沖地震については 2000 年に，その他の地域についても 2002 年に公表され，その後一部改訂されていた．それらによれば，宮城県沖は，次の大地震の発生する確率が全国で最も高い場所であった．

宮城県沖では，1793（寛政 5）年以来，M 7 クラス以上の地震が繰り返し発生しており（図 2.12），その平均繰返し間隔は 37 年である．このうち，最初

2　巨大津波のメカニズム

大地震の繰返し

1793　M 8.2
1835　M 7.3
1861　M 7.4
1897　M 7.4
1936　M 7.4
1978　M 7.4

将来（例えば今後10年間）の発生確率を計算できる

宮城県沖では1793年以降平均37年間隔でM7〜8の地震が繰り返し発生

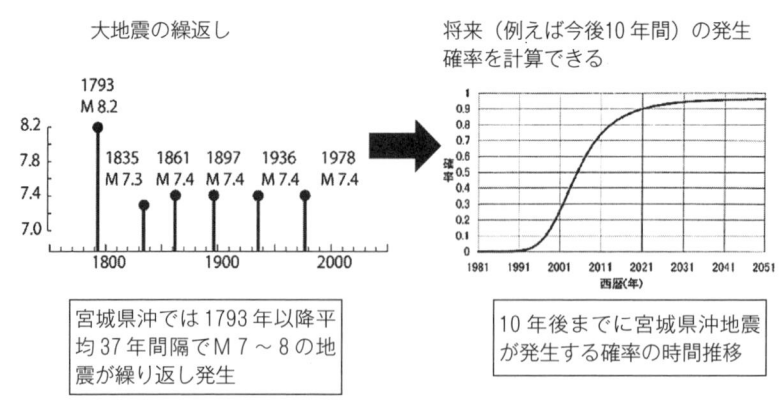

10年後までに宮城県沖地震が発生する確率の時間推移

●図 2.12　宮城県沖における大地震の発生履歴と今後の発生確率
　　　　　（地震調査研究推進本部による）

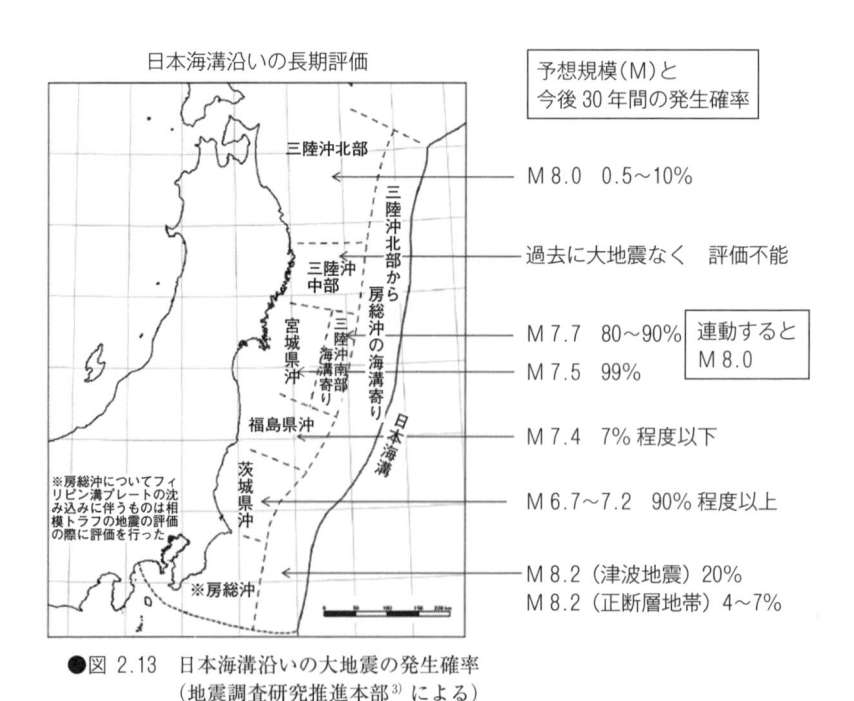

日本海溝沿いの長期評価

予想規模（M）と今後30年間の発生確率

三陸沖北部　　　　　　　　　　　M 8.0　0.5〜10%
三陸沖北部から房総沖の海溝寄り　過去に大地震なく　評価不能
三陸沖中部　　　　　　　　　　　M 7.7　80〜90%　　連動するとM 8.0
宮城県沖　　　　　　　　　　　　M 7.5　99%
三陸沖南部海溝寄り
福島県沖　　　　　　　　　　　　M 7.4　7%程度以下
茨城県沖　　　　　　　　　　　　M 6.7〜7.2　90%程度以上
※房総沖　　　　　　　　　　　　M 8.2（津波地震）20%
　　　　　　　　　　　　　　　　M 8.2（正断層地帯）4〜7%

※房総沖についてフィリピン海プレートの沈み込みに伴うものは相模トラフの地震の評価の際に評価を行った

●図 2.13　日本海溝沿いの大地震の発生確率
　　　　　（地震調査研究推進本部[3]による）

の地震 (1793 年) は M 8 を超えるが,あとはみな M 7.4 前後であった.最後の地震 (1978 年) から既に 33 年が経過しており,次の宮城県沖地震の発生が懸念されていた.そのため,今後 30 年以内に M 7.5 程度の地震が発生する確率は 99% とされていた(図 2.13).2005 年 8 月に M 7.2 の地震が発生したが,規模がやや小さいことから想定されていた宮城県沖地震の一部が発生したとされ,次の地震の発生確率は引き続き高いとされていた.

宮城県沖の海溝側の三陸沖南部海溝寄りでは M 7.7 前後の地震の発生確率が 80〜90% であり,1793 年のように宮城県沖と連動した場合,その規模は M 8.0 前後とされた.宮城県沖のすぐ北隣の三陸沖中部では過去に大地震が発生していないことから評価不能,すぐ南の福島県沖では,1938 年に M 7.3〜7.5 の地震が群発的に発生したが,江戸時代以降には他の地震は知られていないことから,今後 30 年間の発生確率は 7% 以下であるとされた.さらに沖合の海溝寄りでは,次項で述べる明治三陸地震のような津波地震が,今後 30 年間に発生する確率が 20% 程度とされていた.

2.2.2 ── 三陸沿岸を過去に襲った津波

三陸沿岸は過去 115 年の間に 3 回もの津波に襲われてきた.津波の高さは,明治三陸津波が最も高く,昭和三陸津波がこれに続き,チリ津波は最も低かった(図 2.14).これらは,海溝軸付近の逆断層(津波地震型),海溝外側の正断層,遠地地震とすべて異なるタイプの地震によるものである(図 2.15).

1896(明治 29)年 6 月 15 日の夜 8 時頃に発生した明治三陸津波は,岩手県・宮城県を中心に津波による死者約 22,000 名という大きな被害を出した(図 2.16).この津波は岩手県の 25 町村で 10 m 以上の高さを記録し,最大は 38 m まで遡上した.綾里村(現:大船渡市),唐丹村,釜石町(現:釜石市),田老村(現:宮古市)などでは,住民の半数以上である 1,000 名を超す死者が生じた.なかでも田老村では住民 2,248 名のうち,生存者はわずかに 381 名(死亡率 83%)であった.これらはいずれも海岸近くの低地であったため,津波の後に集落の高所移転の試みがあったが,ごく一部の町村を除いて実現しなかった.

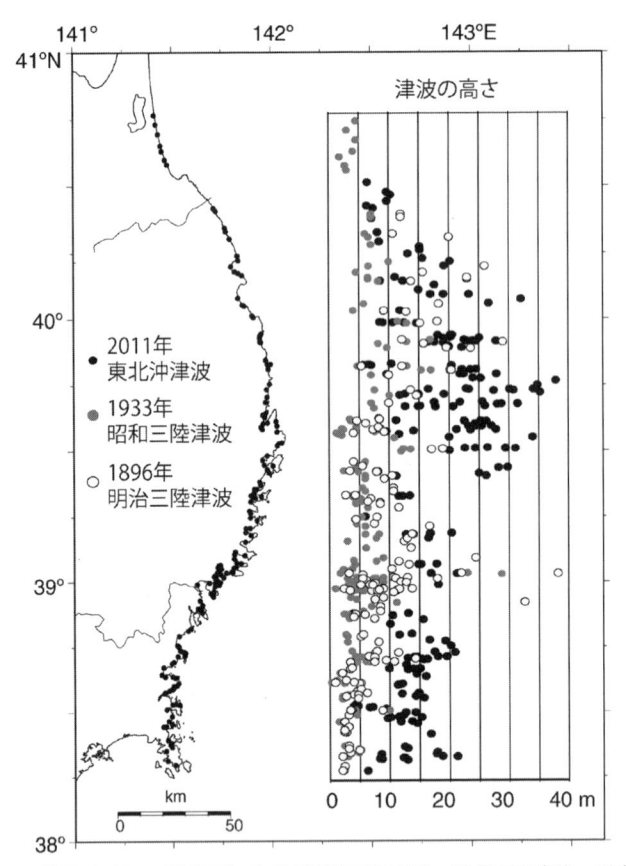

●図 2.14　三陸沿岸における明治三陸津波，昭和三陸津波，平成東北地方太平洋沖地震による津波の高さ（東大地震研究所の調査による）

　明治三陸津波の特徴として，地震の揺れは小さいのに大きな津波をもたらす「津波地震」であったことが挙げられる．この地震による揺れは現在の震度で2〜3程度の弱いものであったにもかかわらず，大きな津波が襲ってきたのだ．最近の研究結果では，日本海溝付近の太平洋プレートの浅い部分がすべったため，短周期の地震波を出さず，地震動は弱かったとされている．すべり量は10 m程度であった．

　その37年後の1933（昭和8）年3月3日の未明に発生した昭和三陸津波は，大きな地震動の後に海岸を襲った．この津波は，日本海溝の東側で発生した正

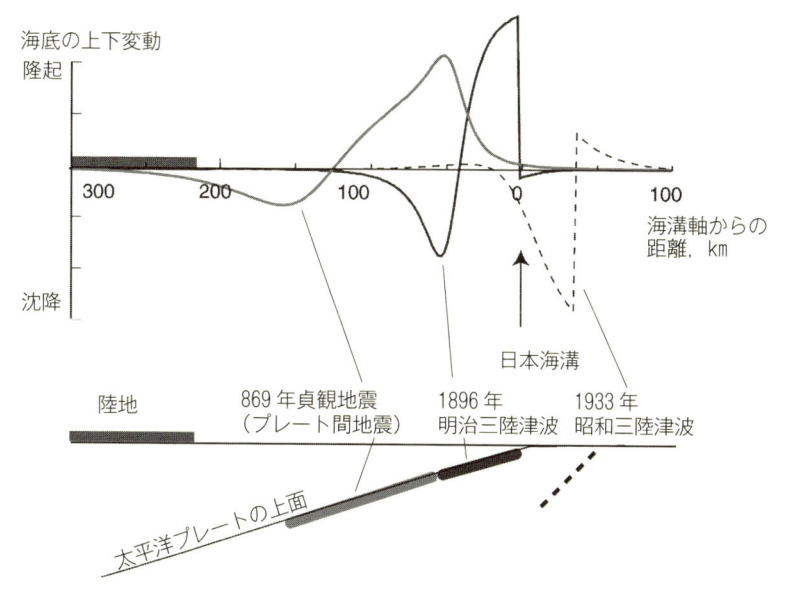

2.2 東北地方太平洋沖地震の予測と過去の津波

●図 2.15 明治・昭和の三陸地震と貞観地震の断層モデルと海底の地殻変動

●図 2.16 明治三陸津波を描いた絵図
（小国政画，『明治丙甲三陸大海嘯之實況』，東大地震研究所所蔵の木版画）

断層型の地震によるものであった．地震の規模はM 8.1と日本で最大級のものであった．津波高さの最大は30 m近くに達していたが，多くの場所では5～10 m程度であった．夜中（午前3時頃）であったにもかかわらず多くの住民が高台へ避難して助かった．それでも，死者数は約3,000人であった．なかでも田老村では，明治の津波被害の後に親戚などが後を継いで復興し4,945人

に増えていた人口のうち972名（約20%）が犠牲となった．この津波の後，国の支援もあって岩手県の三陸沿岸部では住宅の高所移転が進んだ．先の田老村では，高さ10 m，長さ1.4 km（のちに2.4 kmに延長）もの防潮堤が住宅地を取り囲むように建設された．

　三陸も含めた日本の太平洋岸は，1960（昭和35）年5月22日のチリ津波でも大きな被害を受けた．この地震は南米チリの南部で発生したM9.5の巨大地震であり，その津波はチリ沿岸で1,000名もの犠牲者を出した．さらに太平洋を伝播し，地震から約15時間後にハワイ諸島を襲い61名の犠牲者を出した後，約23時間後に日本の太平洋岸に達し，北海道から沖縄にかけて死者142名という被害を出した．三陸沿岸での津波の高さは3～5 m程度であった．地震から約1日もの時間があり，チリやハワイで津波による犠牲者が出ていたにもかかわらず日本で津波の犠牲者が出たのは，外国との連絡体制が整っていなかったためで，この後，環太平洋の津波警報の連絡システムが発足した．

　2011年の東北地方太平洋沖地震による津波の高さは，三陸海岸では10～30 m程度と，明治三陸津波と同程度か，場所によってはさらに高かった．昭和三陸津波やチリ津波よりはずっと高かったため，これらの津波に基づいて築かれた防潮堤などは超えてしまった．田老町でも，今回の津波は昭和三陸津波後に建てられた防潮堤を越えたが，津波の威力を減らすのには役立った．戦後に延長された防潮堤は今回の津波で破壊され，多くの犠牲者はその防潮堤の内側で発生した．一方で，過去3回の津波と違って昼間に発生したことから，多くの住民が高台などに避難して助かったのも事実である．

2.2.3 ── 仙台平野を過去に襲った津波

　前項で述べた三陸地震による津波は，宮城県の仙台平野沿岸での高さは1～2 m程度でほとんど被害を及ぼさなかった．チリ津波の際にも，住家への被害はほとんどなかった．ところが，今から約1,100年前には仙台平野に今回と同様な津波が襲っていた．

　日本の正史である六国史の一つ，『日本三代実録』の貞観11年5月26日（西暦869年7月9日）に以下のような記述がある．

「陸奥の国で大きな地震があり，流光が昼のように空を映しだした．直後に人民は叫び呼び，地面に伏して起きることもできなかった．家屋が倒れて圧死する者もあり，地面が裂けて埋まってしまった者もいた．城郭や倉庫，門櫓，垣壁などが崩れ落ちた．海口がほえたて，その声は雷電のようであった．激しい波と高い潮が川を溯ってやってきて大きくなりたちまち城下に至った．海から数十〜百里程度まで浸水して，原野や道路はすべて青海原のようになった．船に乗る余裕も山に登る余裕もないまま溺死者は千人にも及んだ．資産や農作物は一つも残らなかった．」(この現代文訳は，東京大学史料編纂所の保立道久教授にご教示を得た)

ここで，城下とは，仙台市のすぐ北にある多賀城を指す．現在の多賀城は海岸から約5kmの距離にあるが，そこまで浸水したというのだ．海から数十〜百里浸水して原野や道路がすべて海原のようになったというのは，筆者が地震の翌朝に飛行機から見た風景を連想させる．この地震はその発生年代から貞観地震と呼ばれている．

貞観地震については，1990年代から東北大学の研究者らによってその調査が行われてきた．2005年頃からは文部科学省の宮城県沖地震における重点的調査観測プロジェクトの一部として，産業技術総合研究所が重点的に調査をしてきた．これらの調査研究では，貞観津波の物的証拠として，津波堆積物の分布が調べられた．

津波堆積物とは，津波によって内陸に運ばれた土砂などが堆積した地層のことである．津波は泥や砂を内陸へ運ぶ．津波堆積物は，同じ種類の地層では区別がつかないが，津波によって運ばれた砂層が海岸付近の低地の土壌や泥炭層に挟まれると堆積物として認定しやすい．砂層に含まれる微生物化石(珪藻や有孔虫)や成分の分析から，砂が陸から洪水で運ばれたものか，海から津波や高潮で運ばれたものかを区別できる．また，年代については，放射性炭素年代の測定によって調べるのが一般的であるが，仙台平野の場合には，火山灰層が役に立った．津波による砂層の直上には，灰白色の火山灰層があり，これは915年の十和田火山の噴火によるものであるとされている．すなわち，火山灰層と砂層がセットで見つかれば，貞観津波の砂層である可能性が高く，その分布を調べることによって貞観津波の浸水範囲がわかる．ここで注意すべきこと

は，津波の浸水域は，津波堆積物の分布よりも広い可能性があることだ．実際，今回の津波の後に産業技術総合研究所によって行われた調査によれば，仙台平野での津波浸水域よりも津波堆積物の分布域は狭かったらしい．

2010年までに産業技術総合研究所によって行われた調査の結果，石巻平野および仙台平野における津波堆積物分布が明らかとなった．貞観津波当時の海岸線は，仙台平野では現在よりも1km内陸に，石巻平野では1～1.5km内陸にあった．貞観津波による浸水距離は仙台平野では当時の海岸線から1～3km，石巻平野では3km以上であった．また，貞観津波の下部にも数枚の津波堆積物が発見され，その繰返し間隔は約1,000年程度と推定されている．

これらの津波堆積物分布を再現できるような津波波源として，いくつかの断層モデルについて津波のシミュレーションを行ったところ，昭和三陸地震のような海溝外側の正断層や明治三陸地震のような津波地震タイプ（海溝軸付近の断層）では津波は平野に浸水せず，幅が100kmのプレート間地震のみが，平野に浸水する津波を再現できた（図2.17）．津波堆積物の分布を説明できる断

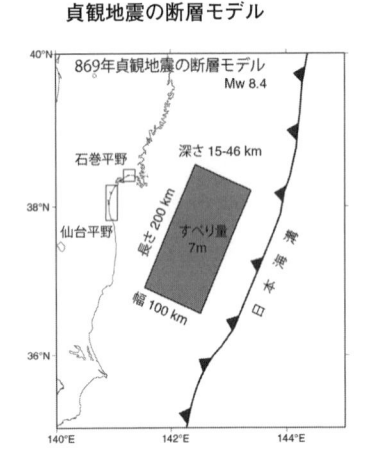

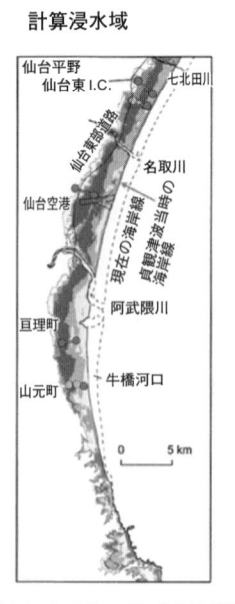

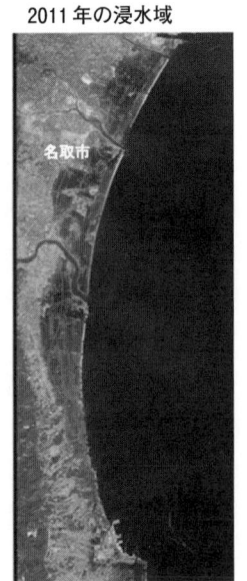

●図2.17 貞観地震の断層モデル（左）とそれに基づく計算浸水範囲（中央．ともに産総研による）[4]，2011年東北地方太平洋沖地震の浸水域（右．JAXAによる）

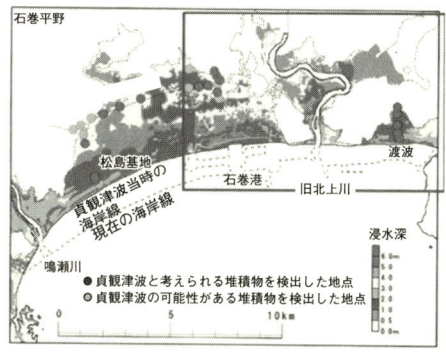

●図 2.18 石巻市の津波浸水域
（左）石巻市のハザードマップによる想定浸水域と今回の津波の浸水域（中央防災会議による）．（右）貞観津波の堆積物の分布と貞観津波モデルからの計算浸水域（産総研による）．図中の太枠はほぼ同じ地域を囲んでいる．

層モデルとして，M 8.4 程度の地震の断層モデルが 2008 年に提案されていた．この断層モデルから計算した仙台平野の津波浸水域は，筆者が地震の翌朝に飛行機から見たように，今回の浸水域とほとんど一致している．

　仙台平野・石巻平野では，貞観津波のほかにも津波堆積物が何層か発見されている．ただし，貞観津波以外についてはその年代値が一致しておらず，固有の地震であるとみなすことができるか否かについて議論があり，政府の地震調査委員会の長期予測には取り入れられていなかった．そのため，仙台市や石巻市のハザードマップも宮城県沖地震を想定したものであり，貞観地震は考慮されておらず，今回の津波の浸水域は両市のハザードマップの想定浸水域をずっと上回った（図 2.18）．

2.3　2011 年東北地方太平洋沖地震津波

2.3.1 ── 津波の波形記録

　2011 年東北地方太平洋沖地震の津波は，まず釜石沖にある海底水圧計（津

波計）に記録された（図 2.19）．津波計は 2 台あり，海岸から約 70 km，水深約 1,600 m にある TM 1 では，14 時 46 分の地震の揺れに引き続き 5〜6 分かけて海面が約 2 m 上昇した．これが津波の第 1 波である．その後，14 時 58 分（地震の 12 分後）頃から，約 2 分のうちに海面が 3.5 m 上昇するという短周期の津波第 2 波が記録されている．水深が 1,000 m を超える沖合で高さが数 m という津波が観測されたのはおそらく世界で初めてである．2004 年インド洋津波の際に，インド洋を伝播する津波が人工衛星から測定されたが，その際も高さは 1 m 以下であった．

引き続き，海岸から約 40 km，水深約 1,000 m にある TM 2 でも似たような 2 段階の津波が記録された．TM 2 の記録は TM 1 での波形を約 5 分遅らせたものとほぼ一致する．これは 2.1 節で述べた津波の伝播速度（水深 1,000 m で分速 6 km 程度）と両津波計間の距離（約 30 km）から計算されるとおりである．より沿岸に近い GPS 波浪計（水深 200 m）では，地震発生後 12 分頃から海面が約 2 m 上昇し，その 10 分後からさらに 5 m 程度上昇した．

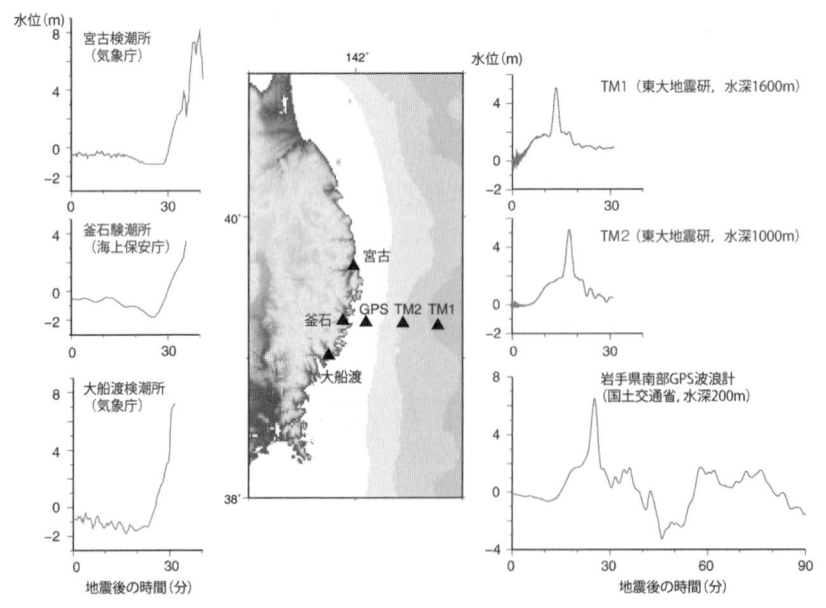

●図 2.19 釜石沖ならびに沿岸で記録された津波波形【口絵 2】

2.1 節で述べたように，津波は外洋では小さくても沿岸では大きくなる．水深が 100 分の 1 になると津波の高さは 3 倍になるほか，沿岸では地形によって屈折・反射をしてさらに大きくなる．外洋で 5 m を超える津波第 2 波は，沿岸で 10 m を超えるのは間違いなく，気象庁では，GPS 波浪計に記録された津波波形を確認した後，津波警報のレベルを上げた．

釜石や大船渡の検潮所では，地震後 30 分位から水位が上昇し始めたのが記録されているが，津波が大きすぎて検潮所そのものが津波の被害を受けてしまい，津波の最大波は記録されていない．気象庁から津波は 7 m 以上などと報道されていたのは，実際の大きさが不明であったためである．海底水圧計の記録は海底ケーブルで釜石の陸上局まで送られ，そこから地震研究所へ転送される仕組みになっていたが，陸上局が津波によって破損したため，記録は 15 時 18 分（地震後 32 分）で途絶えている．GPS 波浪計の記録も当初はほぼ同じ時刻で途絶えていたが，現地に収録されていた記録が後日復元された．

2.3.2 ── 2011 年の津波の発生源

前項で紹介した海底水圧計，GPS 波浪計，沿岸の検潮所で記録された津波波形の解析から，断層面上のすべり分布を推定することができる．津波波形のインバージョンという方法で（図 2.20），断層面を 50 km 四方の小断層に分割し，それぞれに単位すべり量（たとえば 1 m）のすべりを与え，海底の地殻変動を計算し，それを初期条件として各観測点での津波波形をシミュレーションで計算する．実際に観測された津波波形は，これらの小断層から計算された波形の重ね合わせであると仮定して，それぞれの重みを最小二乗法的に求めるというものである．求められた重みは，各小断層のすべり量に対応するので，すべり量分布がわかるのだ．津波波形のみならず，地震波や地殻変動（GPS）データについても同じような方法を用いてすべり量分布が推定されている．

津波波形のインバージョンによって推定された断層面上のすべり量分布（図 2.21）をみると，3 m 以上のすべりが三陸沖中部から茨城県沖にかけて長さ 350 km にわたって分布している．最も大きなすべりは日本海溝付近にあり，

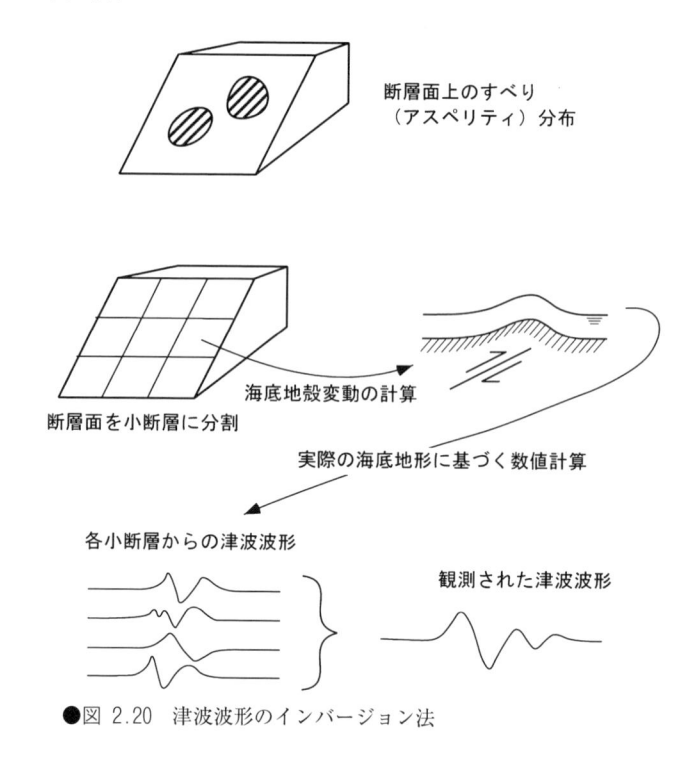

断層面上のすべり
（アスペリティ）分布

断層面を小断層に分割

海底地殻変動の計算

実際の海底地形に基づく数値計算

各小断層からの津波波形

観測された津波波形

●図 2.20　津波波形のインバージョン法

約 45 m となっている．また，震源付近の三陸沖南部（海溝寄り）では 30 m 程度，宮城県沖では 18 m 程度のすべりが発生した．また，南の福島県沖，茨城県沖でもそれぞれ最大 10 m，2 m 程度のすべりがあった．すなわち，地震本部が長期予測を行った地域のうち，宮城県沖，三陸沖南部海溝寄り，三陸沖中部，福島県沖，茨城県沖，海溝寄りに地震時のすべりが広がっている．

　このうち，海溝寄りの断層は 1896 年の明治三陸津波の断層モデルと似ており，それより陸側の断層は 869 年の貞観地震の断層モデルと似ている．そこで，これらを明治三陸型，貞観型と呼ぶことにしよう．明治三陸型断層，貞観型断層からの津波波形を計算して，海底水圧計・GPS 波浪計の記録と比較したところ，貞観型断層からの津波波形は，最初に記録された津波第 1 波（徐々に水面が上昇した）に対応し，明治三陸型断層からの津波波形は，津波第 2 波（短周期で大振幅）に対応することがわかった（図 2.21(右)）．すなわち，2011 年東北地方太平洋沖地震は，明治三陸地震のような津波地震と貞観地震

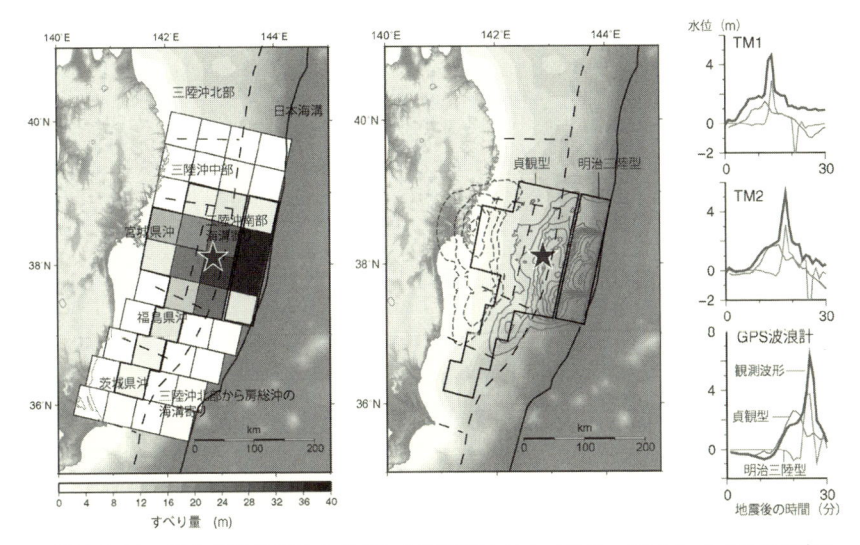

●図 2.21 （左）津波波形から推定した断層面上のすべり量．（中央）すべり量分布から計算した海底の上下変動（赤は隆起，青は沈降を表す．口絵参照）．海溝寄りを明治三陸型，プレートの深部を貞観型と名付ける．（右）釜石沖水圧計と GPS 波浪計の津波波形．観測波形と明治三陸型・貞観型からの計算波形[2]．【口絵3】

のようなプレート間地震が同時に発生したと考えられる．

2.3.3 ── 想定外のM9級巨大地震

2011年の東北地方太平洋沖地震は，地震の規模M9で，断層の長さが350 km，最大のすべりが45mにも達する巨大地震であった．2.2節で紹介した地震本部の長期予測では，各領域ごとの地震規模・発生確率を推定・公表していたが，今回のようにいくつもの領域が連動して規模もずっと大きくなるようなことは想定していなかった．それは，少なくとも歴史時代（江戸時代以降）にはそのような例がなかったためである．たとえば，今後30年間に発生する確率が99%とされた宮城県沖地震の規模はM7.4で断層上のすべり量は2m程度，三陸沖南部と連動した場合でもM8.0程度，すべり量は4m程度と考えられていた．今回のすべり量はこれらの地域でそれぞれ18m，30m程度であ

ったから，長期予測よりもずっと大きな地震が発生したことになる．海溝寄りの津波地震についても，1896年の明治三陸地震のすべり量は10m程度と推定されていたのに対し，今回は45mと約5倍大きかった．

今回の三陸沿岸の津波は，これまでの最大であった明治三陸津波よりも高いところがあった．そのため明治以降に発生した最大の津波である明治三陸津波を参考に作成されたハザードマップの想定浸水域を超えて浸水し，多くの犠牲者が出たことも指摘されている．一方で，明治・昭和の三陸津波の後，高所移転した集落では今回の津波被害を逃れたところも多い．仙台市や石巻市では，M8クラスの宮城県沖地震（1793年タイプ）を想定してハザードマップが作成されていたため，今回の浸水域はそれをずっと上回るものとなった（図2.18）．貞観津波の研究からは，ハザードマップの浸水域よりも内陸で津波堆積物が発見されていたのにもかかわらず，それが防災に生かせなかったのは実に残念である．

津波警報についても課題を残した．気象庁では，地震発生の3分後に津波警報を発表したが，当初は地震の規模はM7.9と推定されていた．長さが350kmにも及ぶ断層の破壊には数分かかることから，地震後3分で地震の全体像をつかむことは困難であり，技術的な限界である．地震の全体像を把握してより正確な津波警報を出すことと，地震後素早く津波警報を出すことの両立は難しく，どちらかを優先せざるをえない．そこで，地震直後に第1報を出して，その後は地震波や海底水圧計・GPS波浪計のデータをもとに津波警報をアップデートしていくという方法が取られている．実際，3月11日にも，釜石沖GPS波浪計が大きな津波（第2波）を記録した後，気象庁は15時14分に津波警報のレベルを上げ，岩手県は3mから6mに（その後15時30分には10mに），宮城県は6mから10mに引き上げた．ただ，沿岸地域では地震直後の停電の影響などもあり，この情報はすべての沿岸の住民には伝わっていなかったようである．今後の津波警報などの情報の出し方について，気象庁や中央防災会議などで検討が急がれている．

2.4 日本・世界で発生したM9級の地震

　M9クラスの巨大地震の発生頻度は低い．20世紀以降に発生したのは，2004年のスマトラ島沖地震を含めて5回程度である．それぞれの地域での繰返し間隔は数百年程度なので，20世紀以降に発生した地震だけを見ていてもすべてを理解したことにはならない．また，日本周辺だけでなく，世界中で発生した地震を調べることにより事例を増やすことができ，M9クラスの巨大地震についての理解を深めることができるはずだ（図2.22）．

2.4.1 ── スマトラ-アンダマン地震

　2004年12月26日にインドネシアのスマトラ島沖で発生した巨大地震は，インド洋に大津波をもたらし，周辺諸国（インドネシア，スリランカ，インド，タイさらにはアフリカ東岸）で犠牲者数が約23万人という史上最悪の津波被害が生じた．2004年スマトラ島沖地震も，沈み込み帯で発生したプレート間地震であった．震源はスマトラ島沖のスンダ海溝だが，震源域はインド領

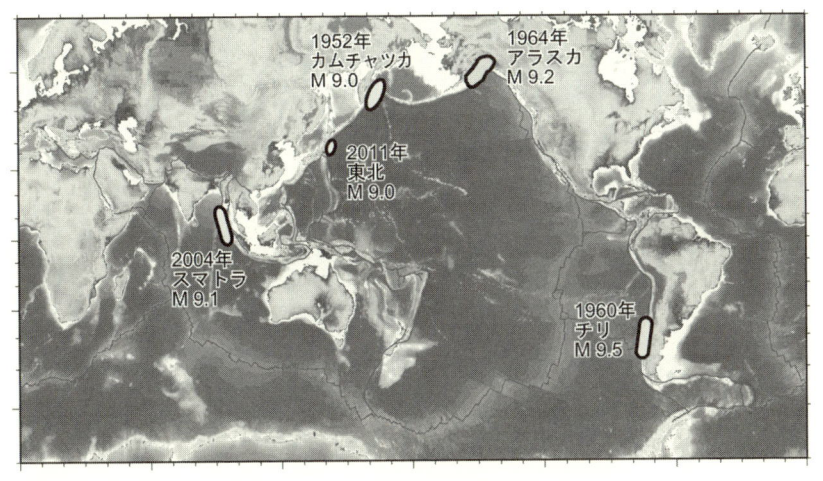

●図 2.22　世界で発生したM9クラスの巨大地震

のニコバル諸島，さらに北のアンダマン諸島へ向かって約1,300 kmにも伸びており，津波の波源域も数百kmに及んだ．

　2004年の震源域の中に位置するニコバル諸島では1847年にM7.5，1881年にM7.9の地震が発生しており，アンダマン諸島では1941年にM7.7の大地震が発生している．過去200年以内に発生して記録に残っているこれらの地震が，この地域における大規模の地震と考えられていた．すなわち，アンダマン・ニコバル諸島では，これまでM8クラスの地震しか想定されていなかった．ところが，2004年にはM9.1という巨大地震が発生した（図2.23）．

　2004年の震源域の南東にあるスマトラ島では，地震以前からアメリカとインドネシアのグループによって，サンゴを使った古地震調査が実施されていた．サンゴは水中でしか生息できないので，成長しても海面から出ることはな

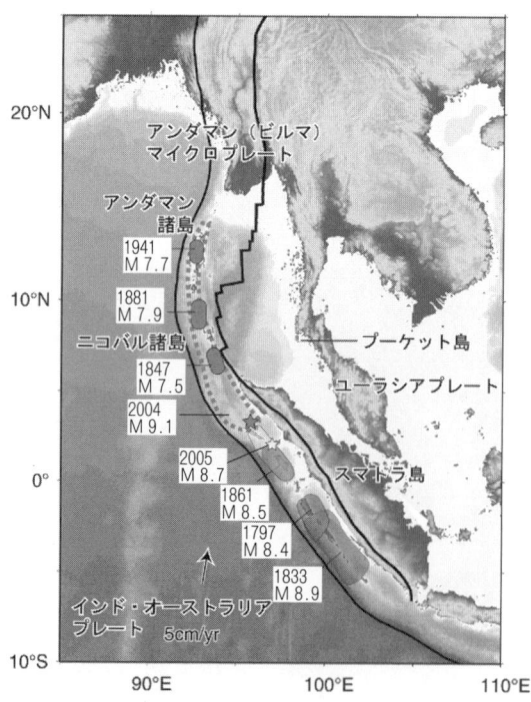

●図2.23　2004年スマトラ−アンダマン地震の震源域（点線内）と，そこで過去に発生していた地震の分布[6]

く，上部は海水面に沿って平らな形状となる（マイクロアトールと呼ばれる）．地震に伴う地殻変動で海水面が相対的に変化すると，サンゴの成長のパターンが変化する．サンゴは年縞を作るので，その断面を調べることにより過去の海面変化を調べることができ，地震の発生年も推定できる．このような調査結果に基づき，2004年スマトラ-アンダマン地震の直前には，スマトラ島中部における大地震の長期的な予測が発表されていた．

2004年のインド洋津波以降，サンゴのほかに津波堆積物なども用いた古地震・古津波調査がインドネシア，タイ，ミャンマー，インドなどのインド洋沿岸諸国で実施されてきた．その結果，タイやインドネシアでは，2004年の津波堆積物とともに，過去の津波堆積物が発見され，2004年のインド洋津波と似たような津波が数百年前にも発生していたことが明らかになった．

2.4.2 — 北米・南米の巨大地震

先に述べたように，1960年チリ地震は20世紀最大の巨大地震（M 9.5）で，その津波は日本にまで津波被害をもたらした．歴史記録によるとチリ南部では1960年の前は，1837年，1737年，1575年に大地震が発生している．平均すると130年間隔で発生しているが，これらはすべてM 9クラスの巨大地震だったのだろうか？ チリをはじめとする国際的なチームが1960年とそれ以前の津波堆積物の調査を実施した（図2.24）．1960年の津波で大きく浸水したところで海岸の地層を調べると，過去の津波を示す砂層が4枚発見された．最上位のものは1960年地震による津波堆積物であるが，その下の3枚について放射性炭素測定によって年代を調べたところ，上から2枚目の津波堆積物は1837年や1737年ではなく，1575年の地震に対応するものであることがわかった．その下の2枚は，西暦1300年頃と西暦1100年頃に運ばれたものであることもわかった．このことから，歴史記録に残っている地震（平均130年で繰り返す）はすべて同じ規模ではなく，津波堆積物を残すほど大規模なM 9クラスの巨大地震は約300年間隔で発生していることがわかった．

北米北西部の太平洋岸では，ファンデフカプレートが北米プレートの下に沈み込んでいるが，巨大地震の発生は知られていなかった．この地域の文書記録

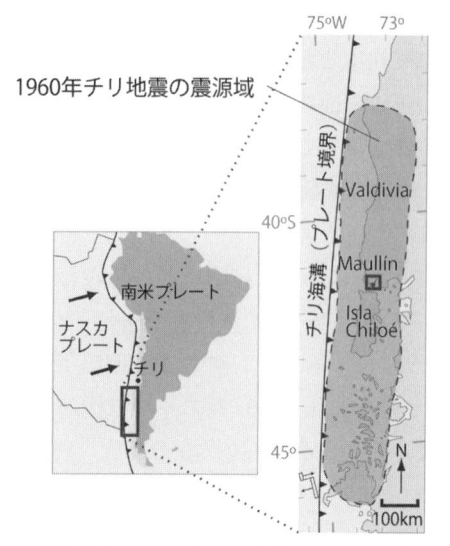

●図 2.24　1960 年チリ地震（M 9.5）震源域内での津波堆積物[1]

は 1850 年頃以降からしか存在しないので，それ以前に巨大地震が発生していたとしても，記録に残っていないのだ．1990 年頃から行われた古地震学的研究によって，過去の巨大地震の発生を示す痕跡が発見されてきた．海岸の急激な沈降を示す地層（砂丘で堆積した砂や土壌の上に，海中で堆積した泥層が堆積している）や立ち枯れした巨木（土地が沈降して海水が入ってきたため枯れてしまった）などである（図 2.25）．これらの放射性炭素年代測定から，最新の地震は約 300 年前に発生していたことがわかった．米国では 300 年前は先史時代になるが，日本では江戸時代である．もし，300 年前の巨大地震が津波を発生して太平洋を伝播していれば，日本に被害を起こし，それは古文書などに記録されているかもしれない．そこで，日本の古文書を調べてみたところ，元禄 12 年 12 月 8 日（西暦 1700 年 1 月 27 日）に，現在の岩手県，茨城県，静岡県，和歌山県で津波による被害が記録されていた．津波は 6 つの文書に記録されていたが，そのうちの 2 つは地震もないのに津波がきた，と書いてあった．もちろんこれだけでは北米からの津波とは断定できないため，他の可能性を一つ一つ検討した結果，津波の波源は北米の太平洋岸である可能性が高いことがわかった．津波が太平洋を伝播する時間や時差を考慮して，地震が発生したの

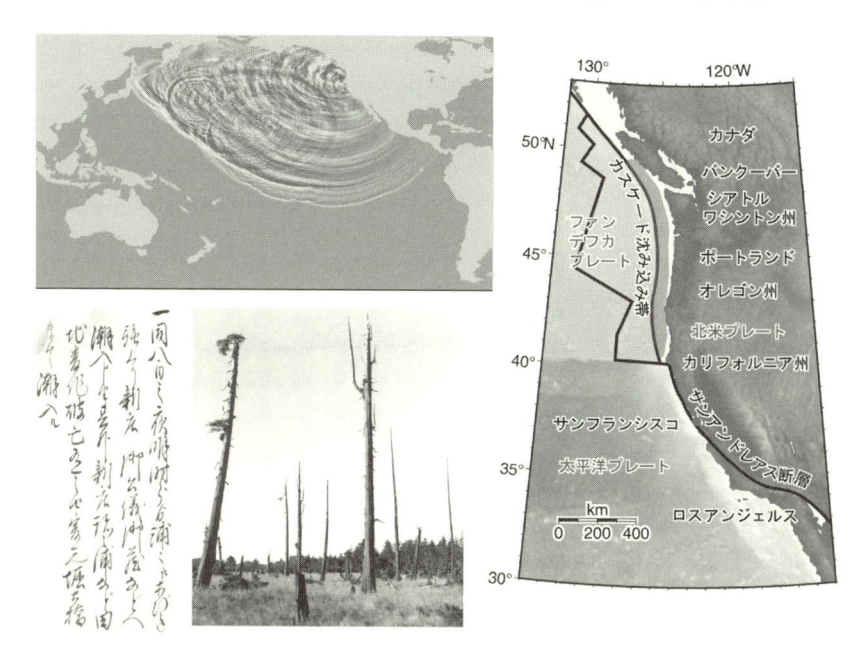

●図 2.25　カスケード沈み込み帯の巨大地震[7)]

は，1700年1月26日午後9時ごろと推定された．その後，米国における立ち枯れた巨木の年輪の調査から，一番外側の年輪は1699年であることが示され，1700年の日本の津波が北米の地震によるものであることが裏付けられた．断層モデルに基づいて津波のシミュレーションを行い，日本沿岸で計算された津波の高さと，古文書に記録された被害とを比較することによって，地震の規模が推定された．その結果，1700年の地震は長さ1,100 km，すべり量14 mというM9の巨大地震であることがわかった．また，北米での古地震調査からは西暦1700年以前の地震の痕跡も発見されており，巨大地震の発生間隔は平均500年程度であるとされている．

2.4.3　北海道沖で発生した17世紀の巨大地震

　北海道の太平洋岸沖（千島海溝）でも，M8クラスの地震が繰り返し発生している．ただし，本州と異なり，古文書は江戸時代後期以降しかわかっていな

いことから，地質学的な手法による古地震調査が産業技術総合研究所によって実施された．調査地は釧路と根室のほぼ中間にある霧多布湿原である．ここでは，1952（昭和27）年の十勝沖地震や1960（昭和35）年チリ地震の際に津波によって大きな被害が発生したが，その際でも津波の浸水域は海岸から1km程度であった．湿原の地層を調べてみると，湿原を構成する泥炭層の中に，津波によって運ばれた砂の層が何枚もあり，これは海岸から3～4km内陸まで追跡できた．また，最新の津波砂層は17世紀末の樽前山や駒ケ岳の噴火による火山灰層の直下にあった．すなわち17世紀中頃に，最近の十勝沖地震よりもずっと大規模な津波が霧多布湿原を襲ったことがわかった（図2.26）．

この津波による砂層の分布と比較すべく，津波シミュレーションを実施したところ，十勝沖と根室沖の大地震が同時に発生して規模がM8.5程度の地震になった場合，津波は霧多布湿原の内陸数kmまで浸水し，発見された砂層の分布を再現できることがわかった．すなわち，17世紀にはそれ以降とは異なり，十勝沖と根室沖の地震は連動した．また，そのような大規模な地震はおよそ500年間隔で繰り返していることもわかった．この結果は，中央防災会議

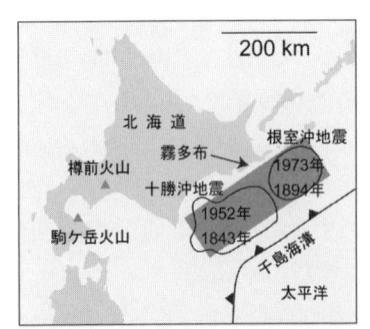

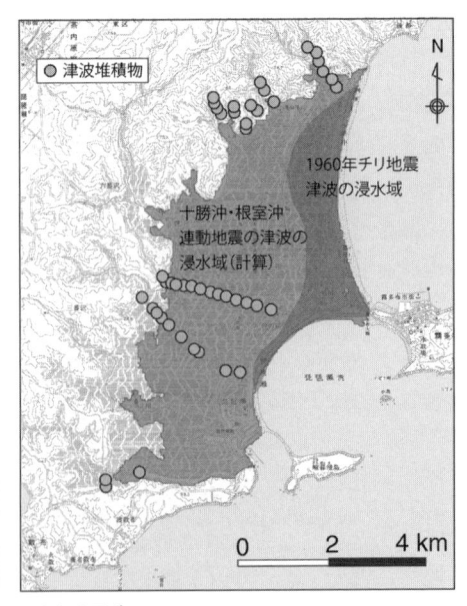

●図 2.26　北海道で17世紀に発生した巨大地震[5]

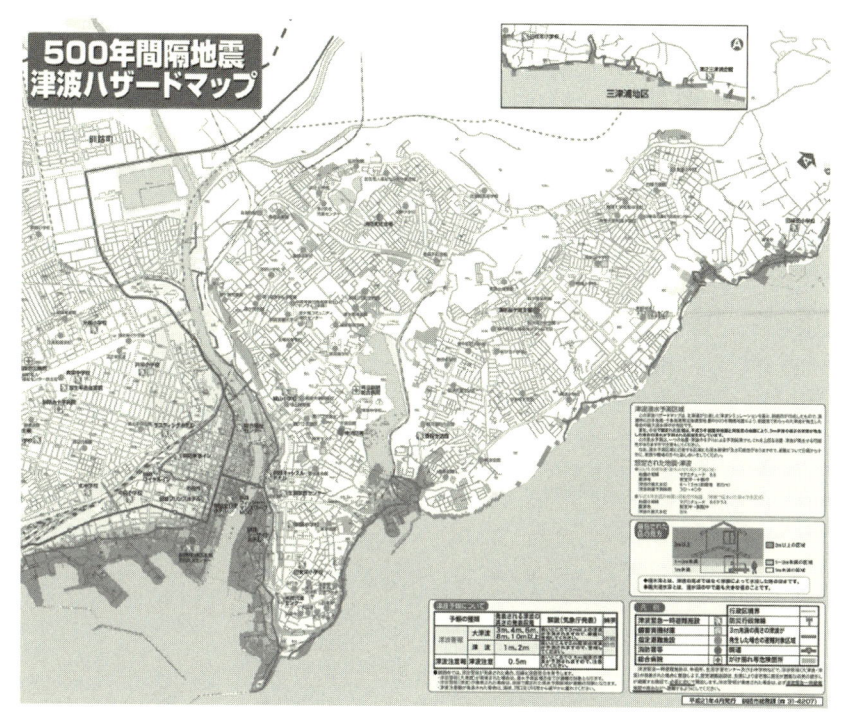

●図 2.27　釧路市のハザードマップ

の被害想定にも生かされ，釧路市などでは 500 年間隔地震についてハザードマップが作成されている（図 2.27）．

2.5　おわりに

2011 年東北地方太平洋沖地震は M 9.0 という規模の巨大地震であった．この規模の地震は，日本では記録されたことも想定されたこともなかった．政府の長期予測は，宮城県沖で今後 30 年間に M 7.5 程度の地震が発生する確率が 99% としており，少なくとも地震についての注意喚起には一定の役割を果たした．今回の地震の規模は予測を大きく上回るものであったが，これは長期予測が主に歴史記録に残っている過去の地震の履歴に基づき，同じような地震が

将来にも発生するという仮定に基づいていたためである．中央防災会議や原子力発電所の地震や津波の被害想定でも，主に明治以降に発生した地震を既往最大地震として扱い，それに対応できるように対策が取られてきた．

東北地方は過去にも大きな津波に襲われてきた．三陸沿岸では明治以降だけでも今回を含めて4回もの津波に襲われている．なかでも明治三陸津波は今回とほぼ同規模の津波の高さであった．過去の津波の後に高所移転して今回の津波被害を逃れた地域もあった．また，過去の津波の経験からハザードマップが作成され，避難訓練を繰り返したことによって多くの人命が救われた．一方，仙台平野では，約1,100年前の貞観地震の際，今回とほぼ同程度の津波が発生していたことが知られていたが，ハザードマップなどの防災には反映されていなかった．

M9クラスの巨大地震は20世紀以降に全世界で5回しか発生していない．2004年スマトラ-アンダマン地震（M9.1）が発生した際にも，インド洋沿岸でM9クラスの地震が発生することは想定されていなかった．しかし，その後の古地震学的調査では，同様な地震が数百年前に発生していたことが明らかとなった．南米・北米・北海道で行われてきた古地震調査によると，M9クラスの巨大地震は，それぞれの地域で300〜500年程度の繰返し間隔で発生することが明らかになってきた．このように繰返し間隔の長い巨大地震を調べるには津波堆積物や海岸の地質を調べるといった古地震学的手法が有効である．また，東北地方や西南日本といった特定の地域のみでなく，全世界に範囲を広げて調べることが重要である．歴史時代に発生した災害については，歴史学者と自然科学者との共同研究が重要であるし，現在の状況を知るには，地球物理学的な観測やモデリングが重要である．

数百年から千年に一度という低頻度災害にどのように備えるかは難しい問題だ．地震本部の長期予測が今後30年間としているのは，個人の人生設計や通常の家屋などの寿命を考慮しているためである．ところが，地震の平均発生間隔が1,000年の場合，たとえ前回の地震から1,000年が経過していても，今後30年間に発生する確率は10%にしかならない．これに対して，より小規模で発生間隔が短い地震の場合の発生確率は，宮城県沖地震のように99%にも達する．都市計画や国土計画などでは，30年ではなく100年程度に発生する確

率を想定するのが適当であろうし，原子力発電所などの重要施設や核廃棄物の地層処分などについては，さらに長い期間における発生確率を考慮する必要があるだろう．また，発生確率は低くても，ひとたび発生した場合の影響を推定しておくことは，安全・安心な社会の構築のためには必要であろう．

　将来の被害を減らすために最も重要なことは，このような科学的な知見を広く周知することであろう．貞観地震については研究者の中では知られていたが，一般には，過去数十年程度の経験に基づいて仙台平野に大きな津波は来ないと思われていた．そのため，非常に強い地震の揺れを感じても津波からの避難行動に結びつかず，多くの犠牲者が出た．自分自身や近い過去の経験がないことへの対策を立てるのは難しいといわれるが，科学的な知識によって経験を増やすことができるはずだ．

■参考文献

1) Cisternas, M., B. F. Atwater, F. Torrejon, Y. Sawai, G. Machuca, M. Lagos, A. Eipert, C. Youlton, I. Salgado, T. Kamataki, M. Shishikura, C. P. Rajendran, J. K. Malik, Y. Rizal, and M. Husni (2005) : Predecessors of the giant 1960 Chile earthquake, *Nature*, **437**, 404-407.
2) Fujii, Y., K. Satake, S. Sakai, M. Shinohara, and T. Kanazawa (2011) : Tsunami source of the 2011 off the Pacific coast of Tohoku, Japan, earthquake. *Earth Planets Space*, **63**, 印刷中．
3) 地震調査委員会 (2009)：三陸沖から房総沖にかけての地震活動の長期評価の一部改訂について，文部科学省地震調査研究推進本部ウェブサイト．
4) 行谷佑一・佐竹健治・山木　滋 (2008)：宮城県石巻・仙台平野及び福島県請戸川河口低地における869年貞観津波の数値シミュレーション，活断層・古地震研究報告，**10**, 1-21, 2010．
5) Nanayama, F., K. Satake, R. Furukawa, K. Shimokawa, B. F. Atwater, K. Shigeno, and S. Yamaki (2003) : Unusually large earthquakes inferred from tsunami deposits along the Kuril trench, *Nature*, **424**, 660-663.
6) Satake, K. and B. F. Atwater (2007) : Long-term perspectives on giant earthquakes and tsunamis at subduction zones, *Annu. Rev. Earth Planet Sci.*, **35**, 349-374.
7) Satake, K., K. Shimazaki, Y. Tsuji, and K. Ueda (1996) : Time and site of a giant earthquake in Cascadia inferred from Japanese tsunami records of January 1700, *Nature*, **379**, 246-249.
8) 首藤伸夫・今村文彦・越村俊一・佐竹健治・松冨英夫編集 (2007)：津波の事典．朝倉書店．

3

東日本大震災の人的被害の特徴と津波による犠牲者について

目黒公郎（めぐろ・きみろう）

1962年生まれ．東京大学生産技術研究所都市基盤安全工学国際研究センター長，教授．東京大学大学院情報学環総合防災情報研究センター教授（兼務）．中央防災会議専門委員等を歴任．

［研究分野］都市震災軽減工学，防災戦略論．構造物の動的破壊シミュレーションや都市ライフラインの災害対策から防災制度設計まで幅広く研究．海外の地震防災立ち上げ活動にも参画，内外の30を超える自然災害／事故の現地調査を実施．「現場を見る」「実践的な研究」「最重要課題からタックル」を研究上のモットーとする．

［主な著書］『被害から学ぶ地震工学』（鹿島出版会，1992），『間違いだらけの地震対策』（旬報社，2007），『都市と防災』（放送大学教育振興会，2008）

そのとき私は ──

　　2011年3月11日の午後，東北地方太平洋沖地震が発生したそのとき，私は本郷キャンパスの総合図書館に隣接する情報学環の建物の7階にいた．私は現在，駒場リサーチキャンパスにある生産技術研究所の都市基盤安全工学国際研究センター（ICUS）のセンター長をしており，駒場に活動拠点としての研究室があるが，同時に本郷キャンパスにある大学院情報学環総合防災情報研究センター（CIDIR）の教授でもあるので，情報学環にも居室がある．3月11日の午後は，ニュージーランドで2月22日に発生した地震被害の土木学会による調査報告会が生産技術研究所で予定されていたのだが，私は本郷でどうしても欠席できない会合があったことから，本郷キャンパスの情報学環の7階の居室で，駒場の自分の研究室のPCにリモートアクセスして仕事をしていた．午後3時から始まる会合に出席するために，そろそろ出かけようとしていたタイミングが午後2時46分であった．

　　駒場の私の研究室のPCには，高度利用の緊急地震速報（EEW：Earthquake Early Warning）システム*をインストールしていたので，強い揺れに襲われる約60秒前には宮城県沖で大きな地震が起こったことを知った（図）．2日前にも同地域でM7.3の地震が起こっていたので，最初はその余震かと思った．しかしモニターに示される地震動の到達範囲の広がりとともにマグニチュードがどんどん大きくなるので，「ついに宮城県沖地震が起こった」と思った．輻輳する前に連絡しようと思い，家族に電話しながら身の安全を確保していると，EEWシステムのカウントダウンとともに激しい揺れが襲ってきた．

　　「揺れが強い．しかも継続時間が長い．ただ事じゃない．」カウントダウンが終わった時点でEEWシステムが示したマグニチュード（M）は7.9であったが，最終的にはM8.1（この値がその後問題を生む．本文参照）を表示した．激しい揺れが収まった後に，同じ建物の10階のCIDIRの部屋に行くと，資料室をはじめ，あたり一面落下物で，CIDIRの他のメンバーや打ち合わせで偶然CIDIRに居合わせた気象庁の方々が，これからどうしようかと話していた．私はCIDIRの若手研究者とすぐに情報学環の各研究室を回った．四つほどの研究室で，内側からの転倒物が出口を塞ぎ，ドアが開けられなくなっていた．一通り確認した後は，CIDIRでテレビ報道を見ながら，CIDIR

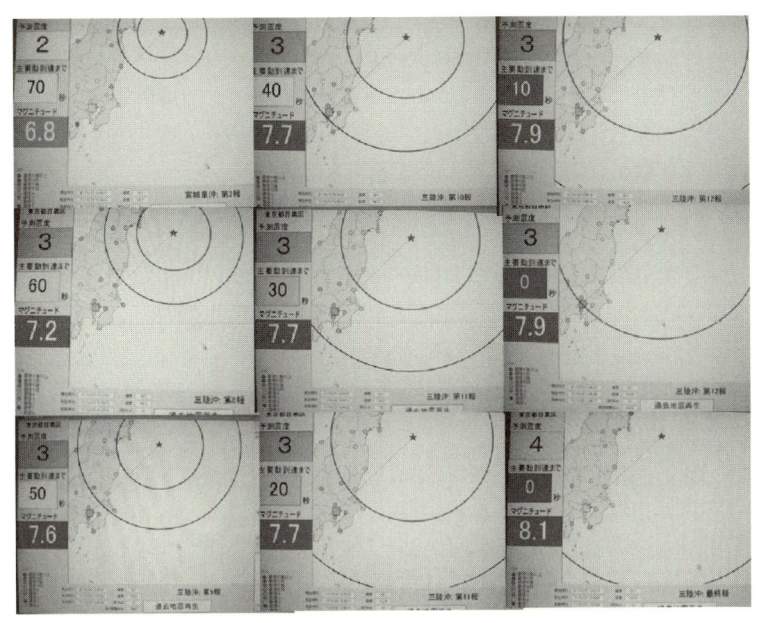

●図　私の PC に映し出された緊急地震速報
　　遠距離でマグニチュードの大きい今回の地震は緊急地震速報が最も効果的なケースといえる．【口絵 4】

の若手と今後の対処や活動について話した．
　その後，東京大学全体の災害対策本部が立ち上がり，そちらに行った．学内からあがってくる情報やテレビの情報を見ながら，今後の予測と対応策などを話した．そのなかで印象に残っていることに，テレビニュースの地震直後の死者・行方不明者数の扱いがあった．当初テレビでは，死者数を 100 人，200 人という規模で報道していた．不確定な情報ではなく，確定情報として扱っていたのだと思うが，これは危機管理上は問題だ．町や集落を襲う津波の映像を見れば，「誠に残念だが，少なくとも数千人，場合によっては万を優に超える犠牲者が出る大災害である」と伝えないと視聴者や災害対応者をミスリードしてしまう．
　地震当日の夜は，キャンパス内を見回ったり，対策本部と CIDIR の間を行き来して過ごし，翌日の午後に，運転を再開した電車でいったん帰宅し，スーツケースに 10 日分ほどの着替えを詰めて，すぐに駒場の研究室に戻った．その後はしばらく，研究室に寝泊まりし，家には着替えを取りに帰るだけの

ような状態が続いた．

　なお，駒場の生産技術研究所で予定されていたニュージーランド地震報告会は中止になった．鉄道が軒並み止まったので，地震防災関係者を含め多くの参加者が帰宅困難者となった．彼らは駒場の私の研究室やICUSでテレビを見ながら夜を明かしたことを後から聞いた．

＊緊急地震速報（EEW: Earthquake Early Warning）とは：

　地震が引き起こす地面の揺れを地震動というが，地震動には伝播速度の早い順にP波，S波，表面波がある．建物を壊すなどの被害の主な原因となる揺れはS波である．表面波はS波の後にやってくる周期の長い揺れで，超高層ビルや大規模な備蓄タンク，長大橋などには影響を及ぼすが，一般的な建物への影響は少ない．高精度地震計が高密度に設置されていると，地震発生時に最寄りの地震計が最初にやってくるP波を検知する．これまでの研究成果から，P波の検知から約4秒ほどで，そのP波を発生させた地震のマグニチュードと位置の推定が可能になったので，これらの情報と地震の発生時刻から，各地の揺れを推定することができる．P波とS波の到達時刻の差（秒）をPS時間というが，これに7 kmを掛けると震源までのおおよその距離が計算できるので，震源近くに地震計が設置してあった場合に，震源からおおむね30 km（4秒×7 km/秒の意味）以上離れた地域では，被害の主な原因となる主要動のS波が襲ってくる前に警報を出すことが可能になる．これが緊急地震速報である．

　上の説明からもわかるように緊急地震速報システムは地震予知ではないし，震源の近くではどんなに頑張っても，主要動の到達前に警報を出すことは不可能である．

　現在わが国では，緊急地震速報に関しては2種類のサービスが行われている．一般利用サービスと高度利用サービスである．一般利用サービスは，全国を約200のエリアに分け，震度5弱以上の揺れが予想されるエリアがある場合に，震度4以上の揺れが及ぶエリアに警報を流すものである．テレビやラジオなどのメディア，携帯電話などで配信されるが，エリアの大きさを考えると，同一エリア内でも震源に近い場所と震源から遠い場所ではS波の到達時刻に差が出るし，震源までの距離や地盤条件の違いなどから揺れの強さも異なる可能性が高い．そこで一般利用サービスでは，S波の到達時刻や揺れの強さ（震度）に関する情報は流さない．一方高度利用サービスは，特定のユーザーを対象としたサービスなので，ユーザーの位置を特定した情報提供が可能である．すなわち，震度などの揺れの強さや主要動の到達時刻に関しての情報を提供できる．もちろん，ユーザーの存在する建物の特性や地盤条件なども考慮できるし，警報を出す基準もユーザーが任意に決定できる．

3.1　はじめに

　2011（平成23）年3月11日（金曜日）14時46分18秒，宮城県牡鹿半島沖130 km（北緯38.1度，東経142.9度，深さ24 km）を震源とし，わが国における観測史上最大のマグニチュード（Mw）9.0の地震が発生した．同日気象庁は，この地震を「平成23年（2011年）東北地方太平洋沖地震」と名付けた．震源域は岩手県沖から茨城県沖までの南北450～500 km，東西約200 kmの広範囲に及んでいる．

　2011年4月1日，日本政府はこの地震による被害の総称を「東日本大震災」と称することを決めた．東日本大震災の影響は多様かつ甚大で，それが及ぶ範囲も広域にわたっている[1]が，筆者は4月の上旬に，報道からの情報や被害の現地調査に基づいて，今回の震災の特徴を表3.1のようにまとめた．

　簡単にその意味を紹介すると，まず①は今回の震災による甚大な影響を受けている地域が非常に広域にわたるということ．わが国の防災対策の基盤となる災害対策基本法では，災害対応の基本単位は市町村であり，まずは市町村長が責任者になる．一市町村の範囲を越え複数の市町村が激甚被災地になった場合には，都道府県の知事が責任者になって災害対応にあたる．しかしさらに被災地が広域で複数の都道府県に及ぶ場合に，都道府県を横断して適切な災害対応をマネジメントする機能が非常に弱い．今回の震災はまさにこの規模の災害

●表3.1　筆者がまとめた東日本大震災の特徴

①広域にわたる被災地（災害対策基本法の限界，後方支援）
②地震動による揺れ被害 　　記録された地震動の強さの割に少なかった構造物被害 　　地盤災害（造成地の問題，液状化現象） 　　非構造材の被害（天井の落下）
③津波が及ぼした直接・間接的な甚大な影響 　　人的・物的被害，長期化する影響，ハード対策とソフト対策
④首都圏が受けた被害・影響
⑤原発事故が誘発する各種の問題
⑥政治・経済・エネルギー政策，幸福観の転換点

であるために，隣接する市町村で所属する都道府県が異なるようなケースでは，アンバランスな災害対応や不適切な復旧・復興となる可能性が高くなる．この問題を解決するには現行の災害対策基本法の抜本的改訂を含めた対処が求められるが，そのなかでは中国政府が2008年の四川地震の際に実施した「対口支援（被災地を分割し，分割したエリアごとに後方支援を担当する自治体を決め，この自治体が長期にわたって担当地域の復旧・復興に当たるスキーム）」的な支援も効果的である．理由は，担当自治体は複数の地域を支援する必要がなく，一つのエリアの支援に集中できること，また復旧・復興支援活動において責任感が生まれやすく，被災地どうしの復旧・復興状況において，いい意味での競争意識が働き，復旧・復興活動の品質向上と時間短縮が実現しやすいこと，さらに実際には被災していない後方支援に関わる自治体が，実際の被災地を現場として，災害対応の実経験を積むことができ，この経験が将来の災害対応と防災対策において，大きな意味をもつことである．②は継続時間が長く，強い地震動が観測された割には構造物の被害は相対的に少なかったこと，その一方で非構造部材である天井の落下などの被害が発生したこと，また地盤を切り盛りしてつくった造成地や埋立て地を中心に地盤の変形や液状化現象などが多発したことである．③は本章の主題に関わる部分で，広域を襲った津波による人的・物的被害と長期化する影響の問題，さらにこれを受けて今後の対策をどうすべきかというもの．④は直接的な被害は大きくなかった首都圏で生じた様々な問題から，今後の首都圏の防災対策を再検討すべきであること．⑤は現在も進行している原子力事故を原因として生じている各種の甚大な問題．⑥は⑤の問題も受けて，この震災がわが国の様々な事柄に対して大きな転換を及ぼすイベントになる可能性が高いこと．その一部は世界を巻き込んで大きな方向性の転換に及ぶと考えられることである．

　上記のように，表3.1に記載した今回の震災の特徴や課題は，最近発生した他の地震災害と比較すれば，どれも重要なものばかりであるが，なかでも特筆すべきは，巨大地震によって引き起こされた大津波による人的・物的被害と，同様に津波を主な原因として発生した福島第1原子力発電所の事故による放射能汚染が引き起こした問題であろう．これらの被害や問題については，まだまだ十分な調査が済んでいるわけではないし，後者の問題は現在（2011年10月

時点）も進行中のものであるが，本章では主に津波による犠牲者と避難の問題を取り上げ，現時点での見解をまとめてみることにする．

3.2　東日本大震災の概要

　2011年東北地方太平洋沖地震による各地の震度（震度6弱以上）は，震度7が宮城県北部，震度6強が宮城県南部・中部，福島県中通り・浜通り，茨城県北部・南部，栃木県北部・南部，震度6弱が岩手県沿岸南部・内陸北部・内陸南部，福島県会津，群馬県南部，埼玉県南部，千葉県北西部であった．防災科学技術研究所のK-NET強震計[2]によって大きな加速度も観測されたが，揺れによる構造物被害は少ない．

　1都1道10県で死者・行方不明者が発生し，その合計は19,553名（死者：1万5,829名，行方不明者：3,724名，警察庁広報資料10月28日，表3.2）

●表 3.2　東日本大震災の犠牲者の都道府県別の分布

都道府県名	死　者	行方不明者	都道府県別犠牲者総数
北海道	1	0	1
青森	3	1	4
岩手	4,664	1,479	6,143
宮城	9,495	2,007	11,502
秋田	0	0	0
山形	2	0	2
福島	1,604	234	1,838
茨城	24	1	25
栃木	4	0	4
群馬	1	0	1
埼玉	0	0	0
千葉	20	2	22
東京	7	0	7
神奈川	4	0	4
合計	15,829	3,724	19,553

（警察庁広報資料10月28日）[3]

となっている．犠牲者が最も多いのは宮城県で，以下，岩手県，福島県と続くが，この3県で全体の99.6%（1万9,483名）を占めている．関東地域での死者・行方不明者の合計は63名である．この数は直接死のみの合計で関連死は含まれていないが，阪神・淡路大震災以降の地震災害として最大の新潟県中越地震の犠牲者数68名（直接死16名，関連死52名）に匹敵する．

津波による犠牲者が多いことによる特徴と思われるが，死者・行方不明者に比べて負傷者数は相対的に少なく5,900名ほどである．ただしその分布は広く，1都1道18県に及んでいる．なお災害による地域別の被災者数の統計では，被災した人の本籍地や現住所などとは無関係に，被災した場所で集計される．よって，たまたま旅行先で災害に襲われ被災してしまった場合には，旅行先の地域の被災者数にカウントされることになる．

全壊・全焼建物数は，津波によって倒壊や流出したものを含め11万1,988棟，半壊建物が14万466棟，一部損壊が50万3,287棟である[3]．交通施設の被害も多く，遮断箇所数は道路損壊が3,559か所，橋梁損壊が77か所，鉄軌道が29か所となっている[3]．河川でも堤防などの被害が多発し，北上川，阿武隈川，利根川等の直轄河川で2,115か所の堤防崩壊等が発生している（国土交通省：東日本大震災（第84報）8月1日）[4]．海岸施設では，岩手県，宮城県，福島県3県の海岸堤防約300 kmのおよそ3分の2に相当する約190 kmが全壊・半壊，さらに津波により561 km^{2}が浸水被害[4]を受けている．

ライフラインの被害も多く発生し，停電世帯が800万戸以上，断水世帯は180万戸以上にのぼる．自宅を離れて避難所などで過ごす避難者は，ピーク時で40万人以上であった[5]．地震と津波による被害を受けた東京電力福島第1原子力発電所では，予備電源を含めすべての電源を喪失したことで原子炉の冷却が困難になり，大量の放射性物質の放出を伴う重大な原子力事故に発展した．これにより，周辺一帯の住民は長期の避難を強いられている．火力発電所を含むその他の発電所でも損害が出たために，首都圏を含む関東は深刻な電力不足に陥った．

表3.3に示すように，政府は東日本大震災による被害額を約16.9兆円と試算している（内閣府6月24日発表）[6]．その内訳は，建築物等（住宅・宅地，店舗・事務所，工場，機械等）が約10兆4千億円，ライフライン施設（水道，

●表 3.3 東日本大震災の被害額の内訳

被害項目	被害額（億円）
建築物等（住宅・宅地，店舗・事務所，工場，機械等）	約 10 兆 4 千億円
ライフライン施設（水道，ガス，電気，通信・放送施設）	約　1 兆 3 千億円
社会基盤施設（河川，道路，港湾，下水道，空港等）	約　2 兆 2 千億円
農林水産関係（農地・農業用施設，林野，水産関係施設等）	約　1 兆 9 千億円
その他（文教施設，保健医療・福祉関係施設，廃棄物処理施設，その他公共施設等）	約　1 兆 1 千億円
合計	約 16 兆 9 千億円

（内閣府 6 月 24 日発表）[6]

ガス，電気，通信・放送施設）が約 1 兆 3 千億円，社会基盤施設（河川，道路，港湾，下水道，空港等）が約 2 兆 2 千億円，農林水産関係（農地・農業用施設，林野，水産関係施設等）が約 1 兆 9 千億円，その他（文教施設，保健医療・福祉関係施設，廃棄物処理施設，その他公共施設等）が約 1 兆 1 千億円である．この被害額は直接被害であり，機会損失による間接被害額や原子力発電所の事故が引き起こした影響による様々な被害とそれに対する補償費などは入っていない．

3.3 津波による犠牲者が多く発生したことに関して

前節で，現時点までに把握されている東日本大震災による被害の概要をまとめたが，現在進行中の災害で，その全容がつかめていない原子力発電所事故を原因とする被害を除くと，最も甚大な被害は津波による多数の人的被害といえる．

今回の被災地は，近い将来に大きな地震が発生する危険性（三陸沖北部地震 M 7.1～7.6：今後 30 年間で発生確率が 90％ 程度，三陸南部海溝寄り地震 M 7.7 前後：同 30 年で 80～90％，宮城県沖地震 M 7.5 前後：同 20 年で 85％，同 30 年では 99％，茨城沖地震 M 6.7～7.2：同 30 年で 90％ 程度もしくはそれ以上）が指摘されていた地域である[7]．また三陸地域を中心として，過

去の津波災害の経験を踏まえて，ハード的にもソフト的にも津波災害に対する事前の備えは，他地域と比べて格段に進んでいる地域であった．

にもかかわらず，前節で述べたような甚大な被害を受けてしまった原因について，本節以降で考えてみたい．

3.3.1 —— 東日本大震災の津波による被害の概要

（1） 各地の津波浸水・遡上高さと到達時間

図3.1に東北地方太平洋沖地震が引き起こした津波の各地での浸水高さと遡上高さを示す[8]．浸水高さとは，津波による海水が内陸に流入し，ある一定期間水に浸っていた地域の標高を示す．一方遡上高さとは，押し寄せてきた津波が陸を這い上がって到達した最高地点の標高を示している．間口に比べ奥が狭くなっている湾や谷地形などで，津波のエネルギーが集中する箇所で局所的に大きな遡上高さが観測される場合がある．図3.1には，後述する明治三陸地震

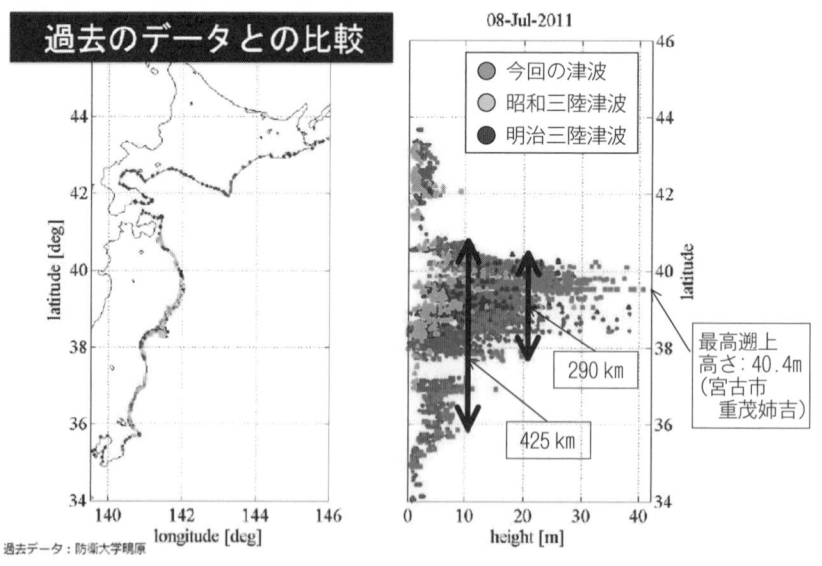

●図 3.1 東北地方太平洋沖地震津波の遡上・浸水高さの分布[8]
当該被災地域を過去に襲った明治と昭和の三陸地震との比較．

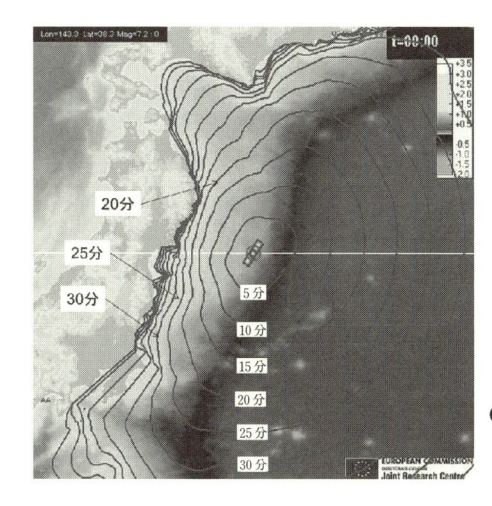

●図 3.2 東北地方太平洋沖地震による各地の津波到達時間（地震発生後）[9]

(1896 年) と昭和三陸地震 (1933 年) の際に各地を襲った津波の浸水高さと遡上高さも示している．これらは当該地域に甚大な被害をもたらした過去の津波であるが，これらと比較すると今回の津波の巨大さとその広がりの大きさがよくわかる．東北地方太平洋沖地震津波を調査する全国津波合同調査グループのメンバーである東京大学や東京海洋大学の調査によって，岩手県宮古市の重茂半島姉吉地区で最大遡上高 40.4 m が観測されている[8]．全体を見ると，青森県南部から茨城県南部に至る南北 425 km で 10 m を超える津波が，さらに岩手県北部から宮城県南部に至る 290 km では 20 m を超える巨大な津波が襲っていることがわかる．一方で図 3.2（この図はマグニチュードが過小に評価された事例であるが，被害の甚大な海岸への津波到達時間はおおむね正しい）に示すように，各地に甚大な被害を及ぼした津波の到達時間は，地殻変動による陸域（海岸地域）の沈下で海水が流入したような例を除いて，地震発生からは最短でも 20～30 分以上の猶予時間があったことがわかる．この猶予時間のもつ意味は後述するように非常に大きい．

（2） 人的被害の特徴

図 3.3 に今回の地震による犠牲者（死者・行方不明者）の市町村分布を示す．表 3.2 でも示したように，犠牲者は岩手県，宮城県，福島県の 3 県にとくに集中しているが，市町村単位としては，5 市 1 町で 1,000 名を超える犠牲者

3 東日本大震災の人的被害の特徴と津波による犠牲者について

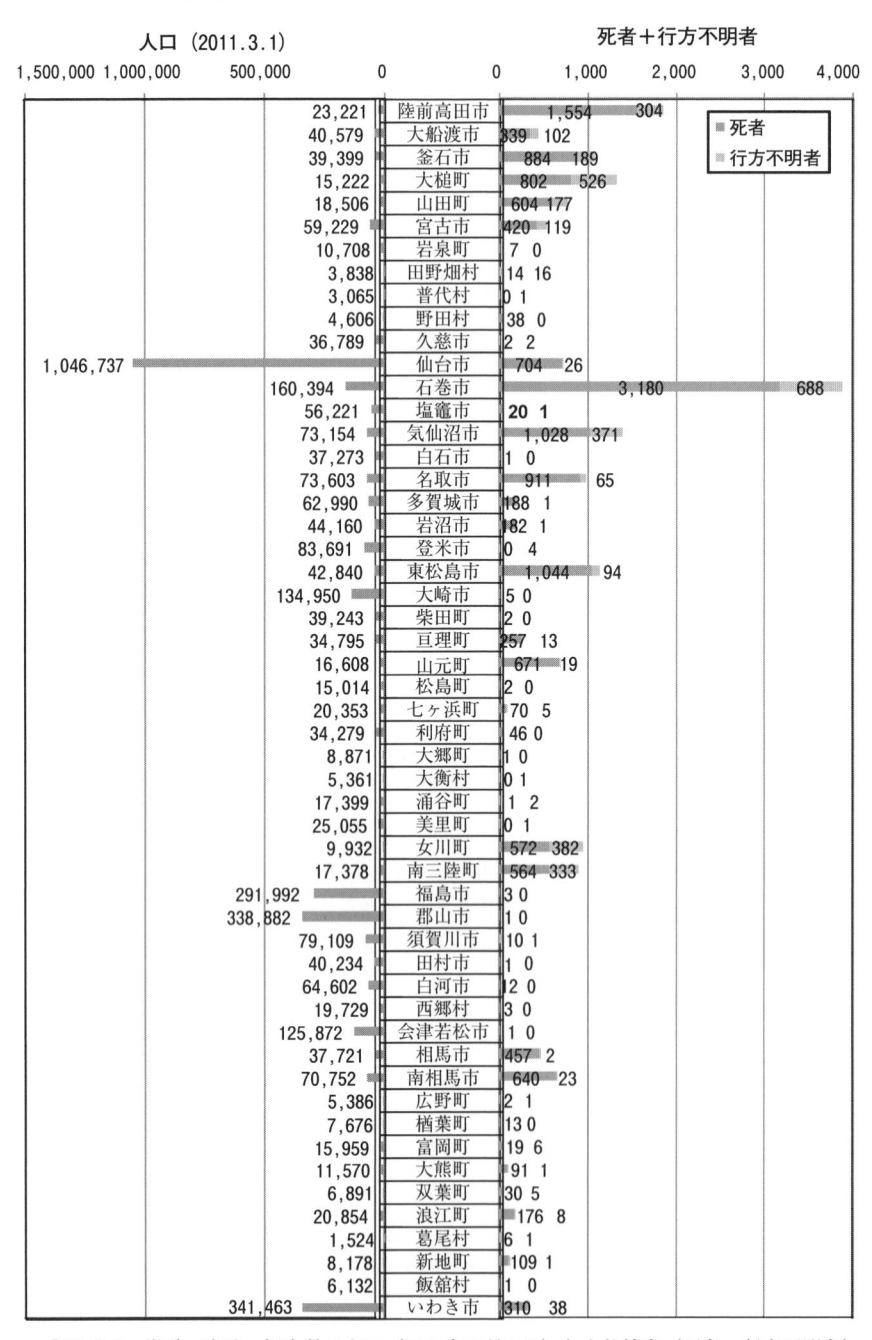

人口（2011.3.1）	市町村	死者	行方不明者
23,221	陸前高田市	1,554	304
40,579	大船渡市	339	102
39,399	釜石市	884	189
15,222	大槌町	802	526
18,506	山田町	604	177
59,229	宮古市	420	119
10,708	岩泉町	7	0
3,838	田野畑村	14	16
3,065	普代村	0	1
4,606	野田村	38	0
36,789	久慈市	2	2
1,046,737	仙台市	704	26
160,394	石巻市	3,180	688
56,221	塩竈市	20	1
73,154	気仙沼市	1,028	371
37,273	白石市	1	0
73,603	名取市	911	65
62,990	多賀城市	188	1
44,160	岩沼市	182	1
83,691	登米市	0	4
42,840	東松島市	1,044	94
134,950	大崎市	5	0
39,243	柴田町	2	0
34,795	亘理町	257	13
16,608	山元町	671	19
15,014	松島町	2	0
20,353	七ヶ浜町	70	5
34,279	利府町	46	0
8,871	大郷町	1	0
5,361	大衡村	0	1
17,399	涌谷町	1	2
25,055	美里町	0	1
9,932	女川町	572	382
17,378	南三陸町	564	333
291,992	福島市	3	0
338,882	郡山市	1	0
79,109	須賀川市	10	1
40,234	田村市	1	0
64,602	白河市	2	0
19,729	西郷村	3	0
125,872	会津若松市	1	0
37,721	相馬市	457	2
70,752	南相馬市	640	23
5,386	広野町	2	1
7,676	楢葉町	13	0
15,959	富岡町	19	6
11,570	大熊町	91	1
6,891	双葉町	30	5
20,854	浪江町	176	8
1,524	葛尾村	6	1
8,178	新地町	109	1
6,132	飯舘村	1	0
341,463	いわき市	310	38

●図 3.3　岩手・宮城・福島県の人口（2011年3月1日）と人的被害（死者・行方不明者）

が発生している．最大は2011年10月28日現在で，石巻市で3,868名，以下，陸前高田市（1,858名），気仙沼市（1,399名），大槌町（1,328名），東松島市（1,138名），釜石市（1,073名）となっている．

発災当時の人口を用いて，人口当たりの犠牲者の比を求めると，人口の4%以上の犠牲者が発生した市町村は，比率の高い方から，女川町（9.61%），大槌町（8.72%），陸前高田市（8.00%），南三陸町（5.16%），山田町（4.22%），山元町（4.15%）となっている．女川町，大槌町，陸前高田市の死者率が8%以上と，非常に高いことがわかる．

表3.4に今回の地震による犠牲者の死因を示す．このデータは発災直後の1か月間に検死が完了した13,135名の犠牲者（男性5,971名，女性7,036名，性別不詳128名）を対象とした分析結果である．津波による犠牲者が全体の約92.5%を占めている．その後に発見された犠牲者のほとんどが津波による犠牲者と考えられることから，10月28日現在の死者・行方不明者19,553名との差の6,418名の犠牲者をすべて津波による犠牲者と仮定すると，その比率は94.9%まで高まる．

上述の点は，関連死（死者全体の14.5%）を除き，家屋被害や家具の転倒や落下を原因とする窒息死や圧死が全体の80%以上（被災建物の下敷き状態で焼死したものも含めれば90%以上）を占めた阪神・淡路大震災による犠牲者[10]と大きく異なる特徴である．最大震度7を記録した宮城県栗原市でも死者は出ていない．表中の圧死・損傷死も揺れによる建物倒壊によるものではなく，そのほとんどは津波に流されたがれきに巻き込まれたものと推定される．

●表3.4　東日本大震災の犠牲者の死因[12]

犠牲者の死因	死亡者数	割合（%）
水死（津波による溺死）	12,143	92.45
圧死・損傷死	578	4.40
焼死	148	1.13
死因不明	266	2.03

直後1か月時点までに岩手県・宮城県・福島県で検死された13,135名（男性5,971名，女性7,036名，性別不詳128名）の詳細．（警察庁データによる．4月11日現在）

既に説明したように，今回の地震による地震動はマグニチュードが大きかったこともあり，継続時間が長くしかも大きな加速度を有するものであった．防災科学研究所のK-NET地震計[2)]で観測された地震動記録でも，宮城県栗原市の築館（MYG 004）観測点では3成分の合成で最大加速度2,933 galが記録されている．同様に，塩竈(釜)市の塩竈（MYG 012）で2,019 gal，茨城県日立市の日立（IBR 003）で1,845 gal，仙台市の仙台（MYG 013）で1,808 gal，茨城県鉾田市の鉾田（IBR 013）で1,762 galなど，1.5〜3 G（Gは重力加速度：$9.81 \text{ m/s}^2 = 981 \text{ gal}$）にもなる大きな加速度を記録している．

これらの地震動をスペクトル分析した結果を見ると，周期0.1〜1秒（とくに0.5秒前後）の範囲で大きな値を示すが，それより長い周期では最大振幅の割には小さい．地盤との相互作用を考えた場合の木造家屋や非木造の中低層建築物が最も揺れやすい周期帯（1〜2秒）での応答速度スペクトルは100 kine (cm/s) 程度で，兵庫県南部地震における激甚被災地内の値（200〜300 kine）に比べて小さかった．また東北地方を中心に，被災地域の建物が雪国仕様の建物で，関東以西の建物よりも一般的に耐震性が高いことも[11)]，今回の地震による建物の被害が少なかった主な理由と考えられる．

表3.5と図3.4に，表3.4と同様に，発災直後の1か月間に検死が完了した

●表 3.5　東日本大震災の犠牲者の年齢分布[12)]

犠牲者の年齢	死亡者数	割合（％）
〜9歳	391	3.01
10〜19歳	336	2.58
20〜29歳	399	3.07
30〜39歳	634	4.87
40〜49歳	787	6.05
50〜59歳	1,320	10.15
60〜69歳	2,124	16.33
70〜79歳	2,663	20.47
80歳〜	2,454	18.87
年齢不詳	1,899	14.60

直後1か月時点までに岩手県・宮城県・福島県で検死された犠牲者．ただし性別不詳128名を除く13,007名．（男性5,971名，女性7,036名）（警察庁データによる．4月11日現在）

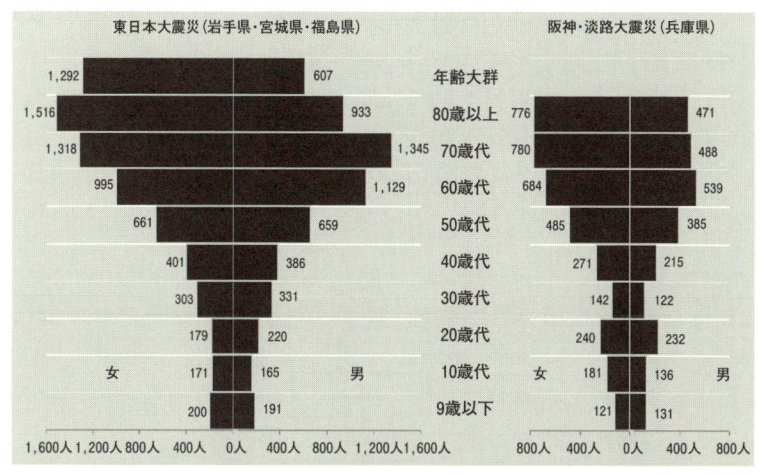

● 図 3.4 東日本大震災と阪神・淡路大震災による犠牲者の男女別年齢分布
図録東日本大震災 13) より．東日本大震災：警察庁資料から内閣府作成．4月11日現在，検視等を終えている者を掲載（性別不詳128名は図から省略）．阪神・淡路大震災：兵庫県資料（性別不詳9名は図から省略）．
（資料）平成23年版防災白書

　犠牲者（全体の13,135名から性別不詳の128名を除いた13,007名）を対象とする年齢分布を示す．表を見ると，年齢不詳の犠牲者を除くと，60歳以上が全体の65.2%になっている．この比率は阪神・淡路大震災の関連死を含む死者数の60歳以上の比率（58.4%）よりもずっと高い．全人口に占める各年代の人口割合と犠牲者に占める各年代の割合を図3.5に示すが，これを見ると東北3県（岩手・宮城・福島）の沿岸市町村人口の60歳以上比率は30%程度なので，その2倍以上の値であることがわかる．さらに年代が上がると，60歳代，70歳代，80歳以上の犠牲者の比率は，人口比率のそれぞれ1.4倍，2.3倍，3.3倍となっており，高齢者ほど死亡率が高くなっている．これらの値からは，高齢になるほど迅速な避難行動が難しかったことがうかがわれる．

　犠牲者に占める同じ年代の男女の比率を比較すると（図3.5），60歳代で（1.54：1.28），70歳代で（2.69：2.05），80歳代以上で（3.84：3.10）と，いずれも男性の比率が高くなっている．これらの理由としては，女性を優先して避難させた，繰り返される津波の合間になんらかの理由で自宅に戻った者に男

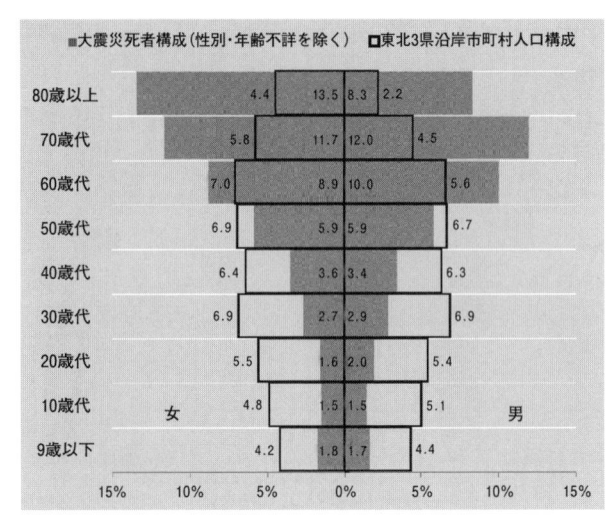

3 東日本大震災の人的被害の特徴と津波による犠牲者について

	大震災死者構成(性別・年齢不詳を除く)	東北3県沿岸市町村人口構成
80歳以上	4.4　13.5	8.3　2.2
70歳代	5.8　11.7	12.0　4.5
60歳代	7.0　8.9	10.0　5.6
50歳代	6.9　5.9	5.9　6.7
40歳代	6.4　3.6	3.4　6.3
30歳代	6.9　2.7	2.9　6.9
20歳代	5.5　1.6	2.0　5.4
10歳代	女　4.8　1.5	1.5　5.1　男
9歳以下	4.2　1.8	1.7　4.4

●図 3.5 東日本大震災による犠牲者の男女別年齢分布
網掛け部分は犠牲者全体に占める各年齢の比率，透明のボックスは全人口に占める各年齢の比率．
図録東日本大震災[13]より．数字は男女計を100とする構成比（％）．東日本大震災死者は東北3県（岩手県・宮城県・福島県）のものであり警察庁資料から内閣府作成．4月11日現在，検視等を終えている者のデータ（性・年齢不詳は除く）．東北3県沿岸市町村の人口構成は2010年国勢調査による．
（資料）平成23年版防災白書，平成22年国勢調査小地域概数集計

性が多かった，自動車を利用した避難中に津波に襲われ車中で溺死したものに男性が多かった，などが考えられる．

　一方で，犠牲者の比率と人口比率を比較して，犠牲者が少なかった年代は，10歳代の0.31，20歳代の0.33，10歳以下の0.41（0.409），30歳代の0.41（0.414）の順となっている．これらの世代は，体力や運動能力の点で，迅速な避難行動がとりやすかったこと，就学前の子供達は，20歳代，30歳代の親と一緒に避難行動したこと，小学生や中学生では，後述するように一部では不適切な行動があったが，全体としては適切な避難行動によって犠牲者を少なくできたものと思われる．

3.3.2 —— わが国で最近発生した他地域の地震津波災害

わが国で津波による大きな被害が発生した事例としては，最近の50年間では1983年の日本海中部地震（M 7.7）と1993年の北海道南西沖地震（M 7.8）が知られている．これらの地震による被害は，東日本大震災の被害を理解する上でも重要な意味をもっているので，ここでその概要をまとめておく．

（1） 1983年日本海中部地震[14]

1983（昭和58）年5月26日午前11時59分57秒，秋田県能代市西方沖80 km（北緯40度21.6分，東経139度4.4分，深さ14 km）を震源として，マグニチュード7.7の日本海中部地震が発生した．この地震は当時日本海側で発生した最大級の地震であり，秋田県・青森県・山形県の日本海側で10 mを超える津波による被害が出た．人的被害は，死者が104名，負傷者が163名であった．揺れによる家屋の全半壊が3,049棟，津波による流出は52棟，船舶沈没または流失が706隻，大規模な液状化現象による地盤の側方流動などが発生した．最大震度（当時の気象庁震度階）は5で，秋田，深浦，むつで観測された．青森，盛岡，八戸，酒田，江差，森では震度4であった．震源に最も近い秋田県能代市の震度も被害の状況から震度5またはそれ以上と推測される．

津波の到達が最も早かったのは青森県深浦町で，地震発生の約7分後に引き波の津波第1波が到着した．さらに8分後（地震発生からは約15分後）には押し波の第1波が到達した．その後10分程度の周期で海面の昇降を繰り返し，13時36分に最大潮位（65 cm）を観測した．津波の波高が高かった場所としては，最大の14.9 mを観測した青森県車力村（現：つがる市）や14 mの秋田県峰浜村（現：八峰町）などが挙げられる．

当時の気象庁の津波警報システムが，津波警報を発令したのは地震発生14分後（仙台管区気象台が12時14分に東北地方の日本海沿岸と陸奥湾に「オオツナミ」の津波警報を発表）であったこと，日本海側に大きな津波は来ないという俗説が信じられていたことが人的被害を広めた．

この地震では，秋田県で83名（このうち津波による死者は79名），青森県で17名（すべて津波による），北海道で4名（すべて津波による）の合計104名の犠牲者を出したが，その中の100名が津波による犠牲者であった．表3.6

●表 3.6　日本海中部地震の犠牲者[15]

犠牲者の内訳	死者・行方不明者数
津波による犠牲者の合計	100
（港湾工事現場）	(41)
（釣り人）	(18)
（観光・遠足）	(14)
（海上操業中）	(8)
（農作業中）	(4)
（その他）	(15)
揺れによる犠牲者の合計	4
（地震のショック）	(2)
（広告塔倒壊による）	(1)
（煙突倒壊による）	(1)
合計	104

のように，津波による犠牲者では，港湾工事関係者が41名と一番多く，次が釣り人の18名，遠足の小学生の13名などであった．

地震の発生時に護岸工事が行われていた能代港では，作業中の潜水士や地震により海中に振り落とされた作業員などが津波に飲み込まれ，35名が死亡した．また，遠足で男鹿市の加茂青砂を訪れていた北秋田郡合川町（現：北秋田市）の町立合川南小学校（現：北秋田市立）の4年生と5年生の合わせて43名の児童と引率教諭達が津波に襲われ13名の児童が死亡した．一行は地震発生時にバスに乗っていたために地震の揺れは感じたが，それほど大きなものとの認識はなく遠足を続行した．引率教諭の津波に対する知識不足もあって，男鹿市の加茂青砂でお弁当を食べているところに津波が襲ってきた．引率教諭や地元住民による懸命の救助活動が行われたが，13名の児童が帰らぬ人となってしまった．同様に津波の知識のなかったスイスからの観光客夫婦が津波に襲われ，夫人（スイス人女性）が津波にさらわれて行方不明になった．

（2）　北海道南西沖地震による津波災害[14),16]

1993（平成5）年7月12日午後10時17分，北海道南西沖（北緯42度47分，東経139度12分，深さ34 km）を震源とするマグニチュード7.8の地震が発生した．震源域に近い北海道奥尻島および渡島半島を中心に，北海道と東

北地方の日本海沿岸で地震動と津波による甚大な被害が発生した．最大震度（当時の気象庁震度階）は 5 で，北海道の小樽，寿都，江差，青森県の深浦で観測された．奥尻島の震度は被害の様子から震度 6 と推定される（図 3.6）．

この地震は大きな津波を引き起こし，震源に近い奥尻島の西部では地震発生 2〜3 分後に，南部の青苗地区には 3〜5 分後に，また北海道渡島半島西部の沿岸では 10 分以内に津波の第 1 波が来襲した．津波は繰り返し北海道沿岸から中国地方にかけての日本海沿岸に押し寄せた．地震動による被害に比べ津波を原因とする被害がはるかに大きく，死者・行方不明者のほか，家屋の流失・倒壊・浸水など，甚大な被害をもたらした．

札幌管区気象台は 7 月 12 日 22 時 22 分には，北海道の日本海沿岸全域に「オオツナミ」，北海道の太平洋沿岸全域には「ツナミ」，オホーツク沿岸全域には「ツナミチュウイ」の津波警報を一斉発令した．NHK は 2 分後の 22 時 24 分にこれを放送した．

奥尻町では，テレビによる津波警報の発令を知って，同日 22 時 31 分頃，防災行政無線により避難指示を出した．しかし，震源地に近かった奥尻島の各地では，津波警報が出る前に既に津波の第 1 波は襲来しており，警報に基づく通常の避難行動はほとんどできなかった．

この地震による犠牲者は 230 名に上るが，その中の 200 名は津波による犠牲者であった．被災地の中でも被害が最も甚大であった奥尻島では 198 名の死者・行方不明者が発生した．その内訳は，島民 176 名，観光客 22 名であり，

●図 3.6 奥尻島の激しい揺れを示す被害例（1993.7.15 目黒撮影）
（左）灯台の被害，（右）墓石の被害．

年齢分布は図3.7のとおりであり，多くの高齢者が亡くなっていることがわかる[17]．奥尻島奥尻地区にあった「ホテル洋々荘」は地震直後に発生した斜面崩壊（幅200 m，高さ12 m，土量10万m^3）の直撃を受け，生埋めになった23名（宿泊客22名，従業員1名）が亡くなった[18]．この大規模な崖の崩落では，上記のホテルやレストランに加え，道路や備蓄タンクも被害を受けた（図3.8）．

奥尻島を襲った津波の高さは，南端の青苗地区で約10 m，初松前地区で12 m，奥尻地区で3.5 m，島の北端の稲穂地区で10 m，島の西側南部の藻内地区では30 mを超える高さまで津波が遡上した形跡が観測された[16]．死者・行方不明者は，青苗地区（図3.9）の105名，初松前地区の32名をはじめ，北端の岬にある稲穂地区（図3.10）を含め，島内の海岸沿いの多くの集落で発生した．

この地震では延焼火災も発生した．青苗地区では，津波襲来直後に火災が発生し，北東からの風速10 m/s近い風にあおられ，瞬く間に燃え広がった．出

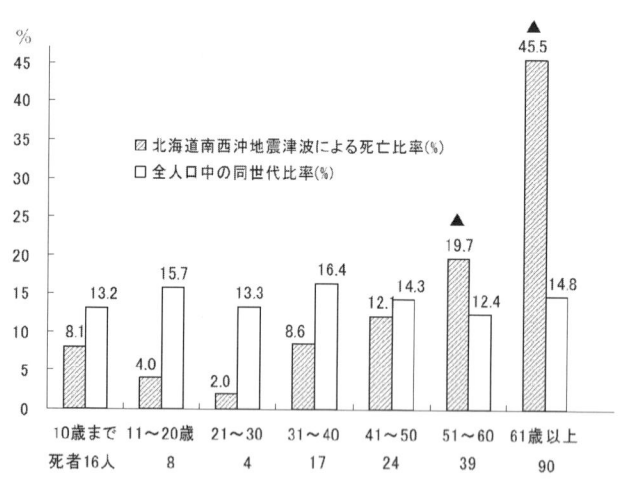

●図3.7　北海道南西沖地震（1993年7月12日）による奥尻島での死亡者の年代別分布と全人口に占める同世代分布との比較[17]

死亡者数と世代別内訳は奥尻町役場による．全人口中の同世代比率は1985（昭和60）年の国勢調査による．▲印は津波による犠牲者の比率の方が高いことを示す．

3.3 津波による犠牲者が多く発生したことに関して　113

●図 3.8　洋々荘を飲み込んだ斜面崩壊
（1993.7.16 目黒撮影）

●図 3.9　奥尻島の南端の青苗地区の被災の様子
（1993.7.16 目黒撮影）

●図 3.10　奥尻島の北端の稲穂地区の被災の様子
（1993.7.16 目黒撮影）

火原因は不明だが，奥尻消防署の調べによると，午後10時40分頃，青苗北部の旅館がある一角から出火し，さらに午前0時30分頃にも漁業協同組合の倉庫や食堂が多くある周辺から出火した．その後，津波によって消火活動ができないまま延焼が進み，プロパンガスのボンベや家庭用の燃料タンクが爆発を繰り返した．消防団による破壊消防によって，青苗1区の17棟だけは焼失を免れた．延焼面積は約5ha，焼失は192棟に及んだが，火災を直接の原因とする死者は幸い出ていない．

　図3.9は青苗地区を上空から撮影したものであるが，平野部は津波と火災によって壊滅的な被害を受けていることがわかる．この図3.9と図3.11の青苗の見取り図を見比べると，写真の奥手側から手前に向かって，青苗5区，4，3，2，1区となっていることがわかる．島の南端の岬部分にあった青苗5区では，地震発生の3～5分後に襲った10mの津波で，住民の3人に1人に当たる70名が死者・行方不明になった[19]．

　一方で，午後10時17分の発生時刻，しかも地震直後3分程度の津波の襲来にもかかわらず，高台から最も遠い青苗5区でも避難に成功している住民も少なくない（図3.11）[19]．この背景には，10年前の日本海中部地震で奥尻島を襲った5mの津波の経験がある．この地震による津波の襲来で，奥尻島では2名の死者を含めた被害を受けている．奥尻島はこのときは，地震の約20～30分後に津波に襲われたが，この経験から海岸に近い地区の住民でも一刻も早く避難を開始した者は助かった．

　廣井らによる調査[19],[20]によれば，この災害で亡くなったのは，(1)津波が来るとは思ったが，10年前の日本海中部地震の経験（地震の20～30分後に奥尻に津波が襲った）から津波はすぐには来ないと思い避難が遅れた人，(2)津波の来襲を予想したが体が不自由で早く避難できなかった人，(3)家族と一緒に避難しようとして避難が遅れた人，(4)車に荷物を積んだり，遠くに駐車させてある車を取りに行ったりした人，(5)近所に津波の注意を呼びかけたり，一緒に避難しようと迎えに行ったりした人，(6)いったんは避難したが，大事なものを取りに家に戻った人などである．また時間的に，自宅や飲食店でアルコールを飲んで酔っていた人達も多く，とっさの適切な行動が取れなかったことが原因と考えられる犠牲者もある．

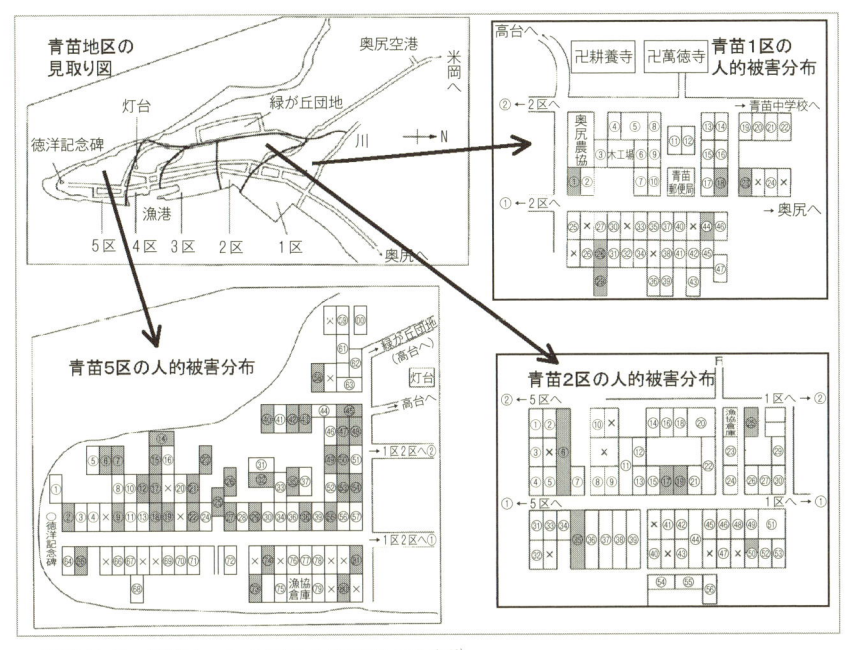

●図 3.11 青苗 1，2，5 区の人的被害の分布[19]
網掛けの箇所が犠牲者の出た家，白抜きは全員無事であった家，×は当時留守だった家．

3.3.3 — 当該地域で過去に発生した主な津波災害

　当該地域は歴史的にも繰り返し大きな津波に襲われている．古くは 869 年の貞観三陸地震や 1611 年の慶長三陸地震である．前者は平安時代前期に，陸奥国東方の海底を震源として発生したマグニチュード 8.3〜8.6 という巨大地震である．後者は 1611 年 12 月 2 日に，三陸沖を震源として発生したマグニチュード 8.1 の巨大地震である．いずれも 20 m を超える巨大な津波を引き起こしていたことが，津波堆積物の調査などからわかっている．

　ここでは上記の 2 つの地震に比べ，記録が豊富に残るとともに当該地域の地震津波対策に大きな影響を及ぼした，「1896 年明治三陸地震」，「1933 年昭和三陸地震」，「1960 年チリ地震津波」について，その概要をまとめる．

（1） 明治三陸地震[14]

1896（明治29）年6月15日午後7時32分30秒，岩手県上閉伊郡釜石町（現：釜石市）の東方沖200 km（北緯39.5度，東経144度）を震源として，マグニチュード8.2～8.5の明治三陸地震が発生した．この地震は津波地震として知られ，地震の揺れそのものは強くなかったが（震度3程度），地震発生から約30分後の午後8時7分に記録された第1波をはじめ，北海道から宮城県までの広い範囲にわたって大きな津波が襲い，甚大な被害を及ぼした．

全体としての遡上高さの分布は既に図3.1に示したとおりであるが，岩手県大船渡市三陸町綾里湾の奥では，入り組んだ谷状の地形を遡上した津波が38.2 mまで達したことが知られている．この値は東日本大震災以前の津波遡上の最高記録であった．綾里以外の場所でも，三陸海岸では複雑に入り組んだ地形から，岩手県の下閉伊郡田老村（現：宮古市田老地区）で14.6 m，同郡船越村（現：下閉伊郡山田町船越）で10.5 m，同郡重茂村（現：宮古市重茂）で18.9 m，上閉伊郡釜石町（現：釜石市釜石）で8.2 m，気仙郡吉浜村（旧：気仙郡三陸町吉浜，現：大船渡市三陸町吉浜）で22.4 mなど軒並み10 mを超える到達高度を記録している．

この地震による死者・行方不明者合計は2万1,959名（死者が2万1,915名，行方不明者が44名，地域的な内訳は，北海道：6名，青森県：343名，岩手県：1万8,158名，宮城県：3,452名），負傷者が4,398名であった．物的被害としては，流失家屋が9,878戸，全壊家屋が1,844戸，他に流失船舶が6,930隻などである．その他，家畜・堤防・橋梁・山林・農作物・道路などにも，流出などの被害が発生した．

（2） 昭和三陸地震[14]

1933（昭和8）年3月3日午前2時30分48秒に，岩手県上閉伊郡釜石町（現：釜石市）の東方沖約200 km（北緯39度7.7分，東経144度7分，深さ10 km）を震源として，マグニチュード8.1の地震が発生した．

最大震度（当時の気象庁震度階）は三陸海岸の各地で5であったが，揺れによる被害は少なかった．その一方で，津波による被害は甚大で，最大遡上高は岩手県気仙郡綾里村（現：大船渡市三陸町の一部）で28.7 mを記録した．

この地震による人的被害は，死者と行方不明者を合わせて3,064名（死者

1,522名，行方不明者1,542名），負傷者が1万2,053名であった．構造物被害としては，家屋全壊が7,009戸，流出世帯4,885戸，浸水世帯4,147戸，焼失世帯294戸に及んだ．とくに被害が激しかったのは，岩手県下閉伊郡田老村（現：宮古市田老地区）で，人口の42%に当たる763名が亡くなり（当時の村内の人口は1,798名），家屋も98%に当たる358戸が全壊した．津波が襲来した後の田老村は，家がほとんどない更地同然の姿となっていた．

岩手県下閉伊郡田老村（現：岩手県宮古市田老地区）では，この経験を踏まえ，1982（昭和57）年までに，海抜10 m，総延長2,433 mの巨大な防潮堤を築いた．1958（昭和33）年に完成した1期工事の防潮堤は，1960（昭和35）年5月23日（日本時間午前4時11分）に発生し，翌5月24日の未明に来襲したチリ地震津波の被害を最小限に食い止めることに成功した．これにより，田老の巨大防潮堤は全世界に知れ渡った（図3.12）．

昭和三陸地震津波による人的被害3,064名の中の岩手県内での犠牲者（2,575名，全体の84.0%）を対象とした，山下による年齢分布の調査分析がある（図3.13）[17]．これによると，まず10歳以下の年齢の犠牲者数が818名と著しく高く，他の年齢分布の2倍以上になっており，犠牲者全体に占める割合も31.6%と非常に高い．しかし当時の年齢別人口としては，若年層の比率

●図3.12　宮古市田老地区の津波防潮堤

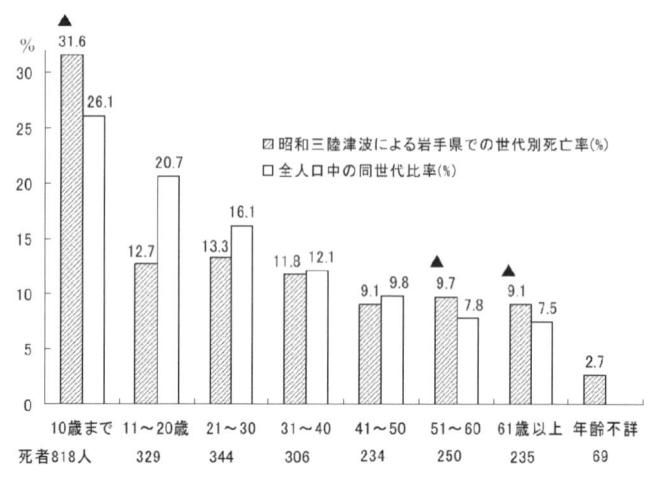

●図 3.13 昭和三陸地震津波による岩手県の死亡者の世代別分布と全人口に占める同世代分布との比較[17]

死亡者数と世代別内訳は「岩手県昭和震災誌」（岩手県編，1934年）による．全人口中の同世代比率は1930（昭和5）年の国勢調査による．▲印は津波による犠牲者の比率の方が高いことを示す．

が高いことから，年代別の全人口に占める割合も合わせて比較すると，10歳以下の年齢と同様に，51歳以上と61歳以上の比率が高いことがわかる．この三つの年代が，人口に占める割合以上に犠牲になっている比率が高い．一方最も人口比率的に犠牲者が少なかったのは11～20歳の年代であった．

（3） チリ地震津波[14]

1960（昭和35）年5月22日15時11分14秒（現地時間，日本時間では23日午前4時11分14秒）にチリ中部の都市バルディビア近海（西経72.57度，南緯38.17度）で観測史上最大のマグニチュード（Mw）9.5の巨大地震が発生した．地震を引き起こした断層の大きさは，およそ200 km×800 kmであり，この断層が約20 mずれたことにより，強い地震動とともに大きな津波が引き起こされた．

本震発生から15分後には，チリ沿岸部を約18 mの津波が襲い，約15時間後にはハワイ諸島に達した．ハワイ島のヒロ湾には10.5 mの津波が襲い，61名が犠牲となった．この津波が，地震発生から約22時間半後の5月24日未明

（午前2時40分過ぎから）に三陸海岸沿岸を中心に襲来した．最大で6mの高さの津波により，三陸地域を中心に142名の死者が出た．とくに犠牲者の多かった地域は，岩手県大船渡市の53名，宮城県志津川町（現：南三陸町）の41名，北海道浜中町霧多布の11名などである．

既に前節で紹介したように，1933年の昭和三陸地震津波で甚大な被害を受けた田老町（現：宮古市田老地区）では高さ10mの巨大防潮堤をつくっていたことで，人的被害は皆無であった．この田老町の防災の取組みを取り入れ，浜中町でも防潮堤が建設された．

約2万kmも離れた遠地の巨大地震による津波に突然襲われたことから，気象庁は日本の国外で発生した海洋型巨大地震に対してもハワイの太平洋津波警報センターなどと連携を取って，津波警報・注意報を出すシステムをつくった．

3.4　注目すべきいくつかの事例

東日本大震災による犠牲者の多くは津波災害による溺死である．この状況を踏まえ，犠牲者の軽減に大きく影響を及ぼしたと思われる集落の高所（高地）移転と避難行動の違いによる影響を，いくつかの事例をもとにまとめてみる．

3.4.1 ── 高所（高地）移転による被害軽減事例

東北地方太平洋沖地震では，津波によって東北地方の三陸海岸で非常に大きな被害が出た．青森県から千葉県までの太平洋側6県62市町村で，合計561 km^{2}が津波によって浸水した．浸水面積の最も大きかった市町村は宮城県石巻市の73 km^{2}であり，県としては宮城県が最大（327 km^2）で全体の半分以上を占めている．

従来は津波発生時の対策として，高台等が周辺にない場合には3階建以上の鉄筋コンクリート造の建物に避難することも一つの手段とされていた．しかし，今回の津波は30 mを超える高さまでの浸水や遡上が認められ，ビルの4

階や5階にまで津波が達してしまっている場所も見られる（図3.14, 3.15）.
また従来はほとんど事例として観察されていない重量鉄骨造や鉄筋コンクリート造の建物が杭基礎ごと引き抜かれたり，杭頭が破断したりして横転する例も

●図 3.14　鉄筋コンクリート（RC）造の3階建アパートの屋上まで流された自動車（2011.3.30 目黒撮影，南三陸町）

●図 3.15　鉄筋コンクリート（RC）造の5階建アパートの5階で水深約1mまで波が襲ってきた痕跡があった．（2011.3.31 目黒撮影，陸前高田市）

見られた(図3.16, 3.17).このような状況下では,事前に集落全体の土地をかさ上げするか,より抜本的には津波が及ばない標高(高所,高地)に移転しておくことが有効である.

高所(高地)移転とは,津波被害の危険性のある低地から,山を切り崩し危険性の少ない高台に集落全体が移転することである.日本の代表的な津波被災

●図 3.16 津波の力で横転した重量鉄骨造4階建のビル(2011.3.31目黒撮影,女川町).
コンクリート杭は引き抜かれたり,杭頭が破断したりしている.

●図 3.17 津波の力で横転した鉄筋コンクリート造4階建のビル(2011.3.31目黒撮影,女川町)【口絵5】

地域である三陸地方では，古くから集落の高所移転が行われてきた．一部では1896（明治29）年の明治三陸地震津波後から高所移転が実施されたが，本格的には1933（昭和8）年の昭和三陸地震による津波災害後であり，このあとには集落の高所移転は防災対策の大きな事業の一つとして取り上げられるようになった．県市町村における復興事業も高所移転を促進し，政府も国庫補助並びに低利資金利子補給をもってこれに当たった．

この時期に高所移転が計画されたものは，岩手県20町村42部落，宮城県15町村60部落に及んでおり，1934（昭和9）年3月末までに住宅敷地の全部を完成すべく進められてきた．

しかし一方で，この高所移転に関しては多くの問題も含んでいた．住民の多くが漁業事業者であることから，時間が経つにつれ低地に戻ってきてしまう例が多く存在したことや，新しく転入してきた住民が低地に家を建ててしまったことなどである．今回の津波災害では，こういった低地に移り住んでしまった住民に大きな被害が発生している．

現在では，被災後の復興対策として，移転を進めるための法律及び制度も既に整備されている．「防災のための集団移転促進事業に係る国の財政上の特別措置等に関する法律」と，それに基づく「防災集団移転促進事業」である[21]．

近年では，1993（平成5）年北海道南西沖地震の際の北海道奥尻町の55戸，1993（平成5）年雲仙普賢岳噴火の際の長崎県島原市の19戸，2000（平成12）年有珠山噴火の際の北海道虻田町の152戸，2004（平成16）年新潟県中越地震の際の新潟県長岡市の14戸と川口町の25戸などの実施例がある[21]．

本節では，過去の津波被害を教訓に集落ごと高所に移転したことで，今回の津波から難を逃れた岩手県大船渡市三陸町吉浜と岩手県釜石市唐丹町の2地区についての被害調査結果と，この2地区における高所移転の歴史について論じる．

（1） 岩手県大船渡市三陸町吉浜地区

今回の地震で大きな被害を受けた大船渡市三陸町の中で，海抜20mほどの県道沿いに住宅が集まり，低地に水田が広がる吉浜地区（旧吉浜村本郷）は，過去の大津波を教訓に高所移転をし，今回の津波災害で難を逃れることができた地区である（図3.18）．

1896（明治 29）年の明治三陸津波で，20 m を超える高さの津波が押し寄せ 204 名の死者を出した吉浜地区は，当時の村長らが山麓の高所へ移転する計画を立案した．また，海岸に延長 523 m，高さ 8.2 m の防潮堤を構築し，幅 10

●図 3.18　高所移転した吉浜地区（写真中央左手，2011.3.28 沼田宗純氏撮影）

●図 3.19　津波で水没した水田（2011.3.28 沼田宗純氏撮影）

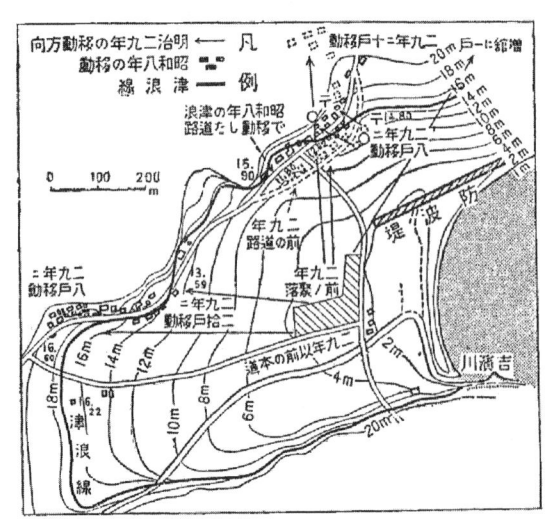

●図 3.20　大船渡市三陸町吉浜地区（旧吉浜村本郷）の集団高所移転[24]

mの防潮林も植えた[22].1933（昭和8）年の昭和三陸津波による流出家屋数は，移転後に新たに低地に建てた10戸と移転場所の悪かった2戸のみであり，死者・行方不明者は17名であった[23].

今回の津波では，高さ8.2mの防潮堤は破壊され，防潮林も飲み込まれてしまい，県道下の水田は水につかってしまった（図3.19）．海岸に最も近い住家では床上数センチまでは津波が押し寄せたが，死者・行方不明者1名，全壊・流出した家屋は4戸にとどまった．

吉浜は，過去の教訓から高地移転が成功した集落の中でも特別であり，年月が経つにつれて低地に戻ってしまったり，新しく転入してきた住民らが，低地に家を建てるなどの行為を行わなかった場所である（図3.20）[24].

(2) 岩手県釜石市唐丹町

釜石市唐丹町（当時：岩手県気仙郡唐丹村）は，1896（明治29）年の明治三陸地震による津波で，総戸数290戸のうち272戸が流出し，人口1,502名中の1,244名（83％）の住民が亡くなるという壊滅的な被害を受けた地域である．先に紹介した大船渡市三陸町吉浜地区同様に唐丹村でも収入役らが中心となり，山腹に宅地を造成して移転をすすめた[23].しかし，一度は移転した住民

達も，漁業や浜作業などの日常の利便性を求めて徐々に元の海岸部に移り住むようになり，さらに不運なことに，1913（大正 2）年 4 月 1 日に発生した山火事により，山腹に移転した集落の 9 割が焼失するという被害を受けてしまった[25]．

上記のような経緯もあり，最終的には元の低地に集落が再形成されてしまった．その後の 1933（昭和 8）年の昭和三陸地震による津波で，海岸部の家屋 260 戸のうち 208 戸が流出・倒壊する被害が出てしまった[23]．住民達は再度，裏山を切り崩して海抜約 25 m 以上の高台に団地を造成，約 100 戸を移転させた[26]．

同じ時期に移転した吉浜と唐丹 2 つの村で，これほどの明暗が分かれてしまった理由としては，唐丹村は山火事により再建した集落が焼失してしまった問題もあるが，最も大きな原因は，移転した場所では飲料水の確保が難しかったこと，吉浜村では農業者の数が漁業者よりも圧倒的に多く，主産業が農業であったのに対して，唐丹村では逆に漁業者のほうが多かったことが村人を海辺の低地に戻す大きな原因となってしまった．

1) **釜石市唐丹町本郷地区**　　図 3.21 は唐丹町本郷地区（当時：唐丹村本郷）が，明治三陸地震津波，昭和三陸地震津波，チリ地震津波の際に受けた津波水深と昭和三陸津波前後の集落の位置を表したものである．同地区は，過去の教訓を生かし高所移転をしたことで，津波による被害を軽減することができた地区であるが，海岸沿いにある高さ約 10 m の防潮堤を乗り越えた津波が，転入者らが建てた低地の家屋約 50 戸を飲み込んで被害を出した．しかし，高所に移転していた住宅には津波が到達した跡も残っておらず，被害を受けていない（図 3.22）．

2) **釜石市唐丹町小白浜地区**　　唐丹町小白浜地区も本郷地区と同様に，低地に建てた住宅が津波により全壊・流出してしまった．小白浜地区（当時：唐丹村小白浜）は 1896（明治 29）年の明治三陸地震による津波では 14.6 m の津波が押し寄せ，流失家屋は 50 戸以上にもなり，約 120 名の死者を出す大きな被害を受けた．そこで，集落では約 200 m 背後の山麓に義損金を利用して宅地造成を行い高所移転したが，海岸への道路が不完全であり，漁業者はだんだんと元の場所に戻ってしまった．

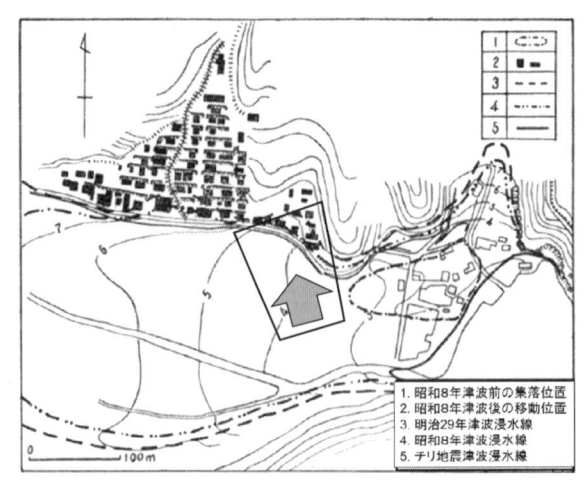

●図 3.21　唐丹町本郷地区の高地移転の歴史 25)
　　　　　写真中央の矢印の範囲が図3.22.

1. 昭和8年津波前の集落位置
2. 昭和8年津波後の移動位置
3. 明治29年津波浸水線
4. 昭和8年津波浸水線
5. チリ地震津波浸水線

●図 3.22　本郷地区で津波に襲われた集落（左手）と被災し
　　　　　なかった集落（右手）（2011.5.1沼田宗純氏撮影）

　また，1913（大正2）年4月に発生した山火事によって，高所に移転してい
た住宅の大半は危険な低地に戻ってしまった．そのため，1933（昭和8）年の
昭和三陸地震による津波の際には，高さ11.6 mの津波によって107戸の家屋

が流失し，2名の死者・行方不明者が出てしまった[24]．図3.23では過去の津波の到達地点と高所移転の経緯を表している．

今回の地震では，津波の高さが過去の津波よりも高かったので，高所移転した住宅にも一部津波が押し寄せ，全壊家屋や床上浸水住宅も発生した．しかし低地と比較すれば被害の差は歴然であり死者も出ていない（図3.24，3.25）．もう少し標高が高ければより効果が高かったといえるが，小白浜地区も高所移転によって被害を軽減できた地区と考えられる．

釜石市唐丹町の本郷・小白浜の両地区では地震発生後の避難行動も迅速であった．本郷地区では，地震発生当時海岸付近で作業していた人達は，揺れがおさまる前から高台への避難を開始した．年配者が多いため，避難には多くの時間を要したが，日頃からの津波避難の意識の高さが今回の被害軽減に効果を発揮したと考えられる．

しかし，高所移転によって難を逃れることができた地区でも，物資の不足などの問題が発生した．本郷・小白浜の両地区では，地震発生後約1週間から10日間，救援物資等が届かなかった．

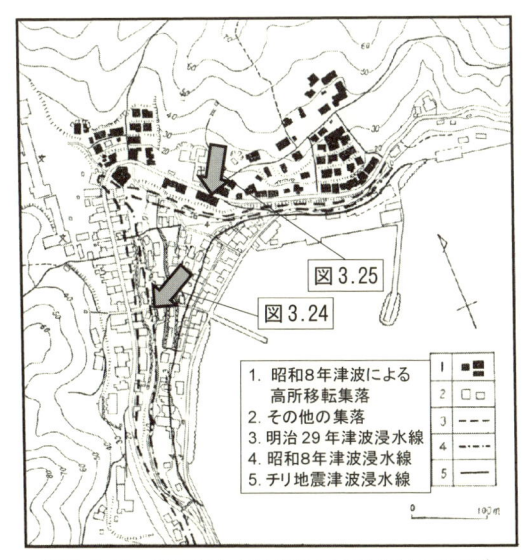

●図 3.23　唐丹町小白浜地区の高所移転の歴史[25]

●図 3.24　低地と高所移転した地域の被害には大きな差が見られる（2011. 3. 24 沼田宗純氏撮影，小白浜地区）

●図 3.25　低地（写真中央左手）と高地における被害の差（2011. 3. 28 沼田宗純氏撮影，小白浜地区）【口絵 6】

3.4.2 —— 避難行動の違いによる犠牲者数の変化

　3.3.1項の (2)「人的被害の特徴」で説明したように，死者・行方不明者には高齢者が多い一方で，未就学児，小学生や中学生の世代は少ない．この結果からは，被災地全体としては，当該世代の事前の備えや津波災害時の対応が功を奏したと考えられる．しかし実際には，うまくいかなかった地域や事例も存

在するし，プラス・マイナスを合わせ，様々な教訓が存在しているものと思われる．そこで本項では，東日本大震災における保育園，幼稚園，小中学校での代表的な事例を対象に，現地調査とメディア調査からそれぞれの事例の教訓を概観する．対応がうまくいって被害を最小限に抑えることができた三つの事例と，うまくいかなかった二つの事例を紹介する．

（1） 岩手県釜石市：鵜住居小学校と釜石東中学校

海岸から約1kmの位置にある鵜住居小学校（児童数361名）では，地震直後に児童は校舎の3階に集まろうとした．小学校の建物自体に被害がとくに発生していなかったこと，また小学校の位置が明治と昭和の津波でいずれも被害がなかった場所で浸水想定区域外であったことによる．しかし，児童が3階に集まり始めた頃，隣接する釜石東中（生徒数222名）では生徒は校庭に駆け出していた．同中学と鵜住居小学校は日頃から訓練を合同で実施していたことから，停電で校内放送は使えなかったが，中学生の行動を見た児童達は自らの判断で校庭に駆け出した．児童・生徒ら約600人は，500m後方にある高台の指定避難場所であったグループホームまで避難した．しかしここで裏側の崖が崩れるのを目撃する．危険を感じて児童・生徒はさらに約500m先の高台にある介護福祉施設を目指した．背後から聞こえる轟音と防潮堤にぶつかる白い波しぶきを見た児童・生徒は，介護福祉施設からさらに高台へ駆けた．津波は介護福祉施設の約100m手前で止まった．小中学校はもちろん，グループホームも津波にのまれた．

児童・生徒は全員無事であった（当日欠席していた3名が犠牲となった）が，ちょっとのタイミングで大勢が津波に巻き込まれてもまったく不思議がない状況であった．まさに間一髪の奇跡であった．

今回の地震津波の被災地の中でも岩手県釜石市はとくに熱心な津波教育を実施していた地域である．これを実現できた背景には，群馬大学の片田敏孝教授というキーパーソンがいた．片田教授は，小中学校の児童・生徒をコアに，教育委員会や地元住民までを巻き込んだ地域全体の防災教育を実施していた．このプログラムは実に素晴らしい取り組みであり，片田教授がセンター長をつとめる群馬大学広域首都圏防災研究センターのHP[27]を介して詳しい情報の入手が可能である．釜石市では，津波防災教育の成果として，市内の2,296名の

小・中学生の中で，地震当日に学校を欠席していた5名を除き全員が助かっている．

これらの活動の一部については，本書においても畑村氏がその一部を紹介されているので，ここでは重複を最小限にとどめ，彼らの特筆すべき活動内容を簡単に取り上げる．

片田教授と釜石市教育委員会が協働で防災教育に取り組み始めたのは2005（平成17）年からである．開始翌年の千島列島沖地震の際の避難率が低かった（10% 未満）ことから，子供達にも登下校時の避難計画を立てさせたり，津波の脅威を学ぶための授業を増やす努力をした．しかし防災のための授業時間を増やすことが難しいことから，防災とは直接関係のない一般の授業科目の中に防災の話題を取り組むことを画策し，図3.26に示すように各科目の

●図 3.26　片田敏孝教授（群馬大学）による釜石市教育委員会との防災教育[27]

先生方とそれを考え講義内容を組み上げた[28]．これらの授業や避難訓練などを介して，「避難3原則：① 想定にとらわれない，② 状況下において最善をつくす，③ 率先避難者になる」を徹底的に叩き込んだ．

冒頭で紹介した今回の大津波で児童や生徒がとった行動（小学生が校舎3階から校庭に駆け出して高台に向かったこと，中学生が率先避難者となって小学生を導いたこと）などはすべて「避難3原則」にあてはまる．市内では，既に7割の児童が下校していた釜石小学校（児童数184名）もあったが，全員が無事だった．祖母と自宅にいた児童は，祖母を介助しながら避難した．指定避難所の公園にいた児童は津波の勢いの強さをみてさらに高台に避難するなど，ここでも「避難3原則」が生かされていた[29]．

（2） 岩手県大船渡市：越喜来小学校

岩手県大船渡市の海沿いにある越喜来（おきらい）小学校は，2010年12月に津波から逃れる時間を短縮する非常通路をつくっていた．津波に襲われた児童達はこの通路を通って避難し助かった．この通路は，通路建設を提案し続けていたある市議の念願であったものだが，その市議は地震の9日前に病気で亡くなっていた．

海岸から約200 m内陸にある越喜来小学校の3階建の校舎は津波に襲われ大きな被害を受けている（図3.27 ①～③）．校舎の道路側は高さ5 mほどの崖で，従来はいったん1階から校舎外に出て約70 mの坂を上って崖の上に行き，さらに高台の三陸鉄道南リアス線三陸駅に向かうことになっていた（図3.27上段左）．400万円をかけて完成した校舎2階と崖の上の道路を直接つなぐ津波避難用の非常通路は，「校舎内の児童がいったん1階に下りていたら時間もかかるし低い場所を通るので危ない．2階から直接道路に出られるようにすべきだ」と考えた市議の提案だった[30]．

計71人の児童が地震直後にこの非常通路を利用して崖の上に出て，ただちに高台に向かった．その後に押し寄せた津波で，長さ約10 m，幅約1.5 mの非常通路は壊され，がれきに覆いつくされた（図3.27上段右）．

（3） 岩手県野田村：野田村保育園

岩手県野田村の野田村保育園は，海岸から約400 m内陸に存在していた．園長は地震のすぐあとに各教室へ避難を指示した．一時避難所に指定されてい

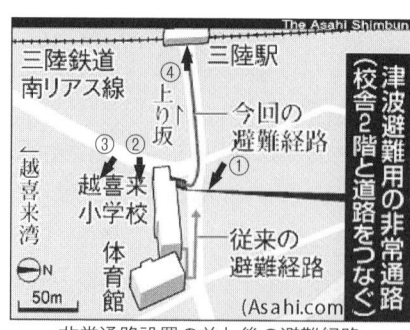

●図 3.27　大船渡市越喜来小学校の様子（2011.4.3沼田宗純氏撮影）

た高台までは約 1 km だったが，保育士は一般住宅の庭も横切って園児の避難を誘導した．これは歴代園長が最短経路を通らせてもらえるように，家主から承諾を得ていたからできたものである．また，園では毎月 1 回火災や地震，津波を想定して避難訓練をしており，震災のあった 3 月 11 日はちょうど津波避難訓練の日であった[31]．

野田村では津波で500戸以上が損壊したが，野田村保育所では0〜6歳の園児約90名と職員14名が全員無事だった．

（4） 宮城県石巻市：大川小学校[32),33)]

宮城県石巻市立大川小学校は，一級河川である北上川から200 mほど離れた海抜ほぼゼロメートルの地点にあり，河口からは4 kmほど離れている．地震後，児童らは校庭への避難を指示され，校庭で点呼が行われた．地震からおよそ40分後，児童は教員の誘導で裏山脇の農道を進み，校庭より7〜8 m高い新北上大橋のたもとを目指した．しかし，北上川の河口から遡上した津波が河川堤防からあふれ出して学校周辺一帯を襲い，全校児童108名の7割に近い74名が死亡・行方不明となった．教諭については，当時校内にいた11名のうち9名が死亡，1名が行方不明になった．

津波を想定した避難先が事前に決まっていなかったこと，校舎は割れたガラスが散乱し，余震で倒壊する恐れがあったこと，学校南側の裏山は急斜面で足場が悪いことなどから，教員らが避難先をめぐって議論し，避難開始が遅れた．また迎えに来た保護者への対応にも追われ，避難開始までに時間がかかった．最終的には約200 m西側にある周囲の堤防より小高い新北上大橋のたもとを目指すことになったが，このとき堤防を乗り越えて北上川からあふれ出した巨大な波が，学校を含む地区全体に襲いかかった．津波は児童の列を前方からのみ込んでいった．列の後方にいた教諭と数名の児童は向きを変えて裏山を駆け上がるなどし，一部は助かった．

石巻市の防災マニュアルは，津波対策を「高台に上る」とだけ記しており，具体的な避難場所の選択は各校に委ねられていた．石巻市の津波ハザードマップでは，大川小学校をこの地区の避難所として「利用可」としていたが，さらに高台にある避難場所は具体的に指定されていなかった．石巻市教育委員会によると，学校側は，危機管理マニュアルで学校が被災する場合の2次避難先を選定するよう市教委から指示されていたが，3月11日の時点では選定していなかったという．

（5） 宮城県亘理郡山元町：ふじ幼稚園[34)]

海岸から約1.5 kmの場所にあった宮城県亘理郡山元町のふじ幼稚園では，地震後，木造の園舎は余震で危険と判断し，午後3時頃園児51名を園庭に避

難させた．午後3時15分頃雨が降り出したので，大型と小型の2台のバスに園児を乗せて待機していたところに津波が襲来した．43名が助け出されたが，園児8名と職員1名が死亡した．

ふじ幼稚園によると，近くの町にあった防災無線は警報が鳴らず，避難を呼びかける広報車も来なかったという．職員の一人がラジオで大津波警報を知ったが，全員には伝わらなかった．また，園では地震や火災の避難訓練は年3，4回行っていたが，津波の避難訓練は一度も実施したことがなかったという．

3.5 おわりに

東日本大震災では，マグニチュード（Mw）9.0というわが国の観測史上最大の地震によって引き起こされた巨大な津波が太平洋沿岸の広域を襲い，多数の人的被害と原子力事故を引き起こした．後者の影響は10月時点でも継続中であるし，今後の影響を含め，その全体像はまったくはっきりしていない．一方前者については，犠牲になった人々の直接的死因や年齢分布，さらにその後の行動調査などから，限られた範囲ではあるが，その特徴が少しずつ明らかになってきた．このような状況を踏まえ，本章では主に津波による犠牲者と避難の問題を取り上げ，現時点での見解をまとめることを試みた．

過去の津波災害事例や今回の調査を通してわかったことを
1) 低頻度で発生する巨大津波に対する防災対策
2) 平野部を襲う津波対策の問題
3) 関連死による犠牲者の問題

の三つに分けて以下にまとめる．

（1）低頻度で発生する巨大津波に対する防災対策

低頻度で発生する巨大津波による被害を最小化する対策としては，防波堤や防潮堤などの施設によるハード対策だけでは不十分である．主な理由は，財政的な限界と地域産業を含めた地域の生活環境上の問題である．このようなケースでは，ハザードマップの整備と適切な利用法の周知，防災訓練や避難訓練などの啓発と教育などのソフト対策と合わせた対策が重要である．

ハード対策とソフト対策の適切な組み合わせは，予想されるハザードの規模や頻度，対策実施のための工学的・技術的問題のみならず，対象地域の経済状況や住民の意識を含め社会全体のコンセンサスづくりの中で決めるべきものであり，一律に決定することはできない．しかしどのような比率で組み合わせようとも，ハード対策とソフト対策の両面で次のような問題があるので十分留意する必要がある．

① ハード対策のプラスとマイナスの効果：

今回の被災地は，三陸地域をはじめとして，事前の津波防災対策がハード的にもソフト的にも，他地域に比べて進んでいた地域であった．その代表は，ギネスブックにも載った釜石市の世界最大の防波堤や「田老の万里の長城」とも称された宮古市田老地区の津波防潮堤などである．しかし東日本大震災の津波は，両施設を乗り越え，内陸の住宅を含む都市施設を破壊し多くの市民を死に至らしめた．この状況から，マスコミをはじめ，多くの人々が，巨額の予算と時間を費やして実現したハード対策としての上記のような施設が，津波減災効果がなかったことを指摘した．しかしこれは正しい評価ではない．

以下に説明する四つの点において，上記の施設は減災効果を発揮していた．(a) 沖合から襲ってくる津波が防波堤や防潮堤の高さに達し，これらを乗り越えて，湾内や内陸に襲ってくるまでの時間を遅らせた．(b) 防波堤や防潮堤を乗り越えた津波は滝状になるなどして速度が落ち，津波の破壊力を低下させた．(c) (b) と同様に速度が低下することで，浸水深や遡上高さを低下させた．(d) 引き波の際に，防波堤や防潮堤によるダム効果により，これらがない場合と比較して引き波の速度を低下させた．

(b) は堤防の形状にもよるし，(d) に関しては，強力な津波の破壊力（押し波もさることながら，引き波で壊れているものも多い）で壊れてしまい，高い効果が望めなかったケースもあるが，これら四つの効果は津波による死者の軽減に貢献している．とくに，危うく津波にさらわれそうな状況だった人，いったんは津波にさらわれたが，何とか泳いだり，がれき伝いに逃げ切った人などでは，上記の四つの効果に救われている可能性が高い．実際に (a) と (c) については，港湾技術研究所が釜石港沖合の GPS 波浪計で観測した津波波形を用いて防波堤がある場合とない場合での津波の伝播と遡上を計算してい

る．この結果，防波堤がない場合では13.7mと計算される湾内の水位が8.0m（実際の観測値と一致）になり，津波高さは約4割低減できたこと，また遡上高さは20.2mの計算値に対し約10mと5割ほど低減できたことがわかっている．また湾内の須賀地区の防潮堤の天端高さが4mであることから，津波高さが4mを越える時刻を比較すると，防波堤がある場合では防波堤がない場合に比べて6分遅くなることが確認されている[35]．

しかし一方で，これらの施設の存在が市民に過度な安心感を抱かせ，迅速な避難行動を阻害した面もある．1896年の明治三陸地震津波で14.6mの大津波に襲われ，1933年の昭和三陸地震津波でも甚大な被害を受けた田老町（現：宮古市田老地区）では高さ10mの巨大防潮堤をつくっていたことで，1960年のチリ地震津波による人的被害はゼロに抑えることができた．津波も防潮堤を超えることはなかった．この経験が過度の安心感として市民に根付き，迅速な避難を遅らせた点は否めない．この点は後述するハザードマップのマイナスの影響とともに今後，十分検討すべき重要課題である．

ところで，津波のみならず，台風接近等により発生する高潮等の災害から背後地を守るためには，堤防等の開口部である水門・陸閘（りくこう）等の海岸保全施設が，安全かつ迅速・確実に閉鎖されなければならない．しかし，海岸管理者等により管理される水門・陸閘等の数や整備状況および立地条件等はそれぞれ異なり，さらには閉鎖作業実施時の気候や天候などの様々な条件を考えると，限られた時間内にすべての水門・陸閘等に現場操作員が出向いて閉操作することが困難な場合や，現場操作員の安全が脅される場合が考えられる．

上記のような点を踏まえて，「津波・高潮による災害に対して，水門・陸閘等を安全かつ迅速・確実に閉鎖するための設備や体制・運用に対する基本的な考え方を示し，地域の実情に応じた適切な水門・陸閘等管理システムを構築する」目的で，「津波・高潮対策における水門・陸閘等管理システムガイドライン」が策定された．筆者も策定委員会の委員長として，本ガイドラインの策定にかかわった[38]．

本ガイドラインでは，津波・高潮による災害を防止あるいは減災するために，水門・陸閘等を安全かつ迅速・確実に閉鎖するための最適な「水門・陸閘等管理システム」を整備・運用するうえで必要となる要件や考慮すべき項目，

機能等の整理を行うとともに，管理システムとこれを構成する各設備の設計の手順および体制・運用，管理の基本的な考え方を示している．各地域は，本ガイドラインで示す基本的な考え方をもとに，開口部の閉鎖にともなう責任の所在と操作条件を明確にすることで，地域の実情を踏まえた「水門・陸閘等管理システム」の整備と運用が可能になる．とくに，想定津波到達時間が数分程度と短く緊急性の高い地区で，迅速に水門・陸閘等を閉鎖するための実情に合わせた対策（閉鎖を平時状態とするシステムや自動化・遠隔操作化）の実現に向けぜひ参考にしていただきたい．

ただし今回の水門・陸閘，防波堤や防潮堤の被害を見ると，これらの施設は沖合から陸に向かって襲ってくる津波に対する抵抗力と比べて，越流するなどしていったん内陸に流入した海水が引き波で流出していくときに作用する力には構造的に弱い印象を受けた．時間的な制約から，本ガイドラインの策定時には，「水門・陸閘等の海岸保全施設が機能する上での前提となる耐震性等の構造上の要件は対象としないが，これは別途対策を実施すること．また関連する他の施策との連携についても十分考慮し，地域において一貫した防災活動が実施できるよう，留意すべき」とまとめたが，引き波に対する抵抗力の確認を含め，この点はとても重要なので，ぜひ検討すべきである．

② ソフト対策のプラスとマイナスの効果：

防潮堤や防波堤，水門や陸閘などのハード施設による津波防災には限界があることから，防災教育をはじめとするソフト対策の重要性が指摘されている．既に釜石市の事例で紹介したように，これがうまく機能した場合の死傷者の軽減効果は絶大である．過去の災害履歴情報と将来の災害予測，そして対処法などを記載したハザードマップが作成され市民に配布されている理由もそこにある．しかし，このハザードマップが市民に誤解を与え，防災上マイナスの効果を出してしまうことがある．群馬大学の片田敏孝教授と釜石市の調査によると，釜石市内で，死者・行方不明者のうち65％がハザードマップで浸水想定区域外に住んでいたことがわかっている[36]．調査の対象は，釜石市が2011年6月中旬時点までに確認した市内居住の死者・行方不明者1,032名の中で，番地まで住所が確認された868名である．浸水想定区域外での死者・行方不明者を釜石市内の四つの湾別に分類したところ，大槌湾に面した鵜住居町などは

419名(想定区域内66名)と最も多く,死者の8割以上が想定区域外だった.次いで,釜石湾が115名(同205名)と多く,唐丹湾は12名(同9名),両石湾は19名(同23名)であった.浸水想定区域外の死者・行方不明者は合計で565名で65.1%を占めた.さらに,片田教授の調査では,被災者への聞き取り調査では気象庁の津波警報で津波の到達予想波高が「3m」と報じられたことにより,「避難を躊躇した」と答えた生存者が多数確認されている.

気象庁による緊急地震速報のマグニチュードが第12報で7.9,最終報で8.1であった(「そのとき私は」の緊急地震速報のモニターを参照されたい)ことから,気象庁はこの値をもとに津波の想定をした.短周期成分の多い実体波を用いたマグニチュードはM8程度で飽和する特徴を有し,今回のような超巨大地震のマグニチュードは正確に評価できない.物理現象に忠実に定義されるモーメントマグニチュードなどを用いないとM9クラスのマグニチュードの地震の評価は正確にできない.M8とM9では規模がまったく異なる.

事前に実施した様々なパターンの膨大な数(約10万通り)の津波シミュレーション結果を利用して,発生した地震の位置とマグニチュードから地震直後の3分程度の時間で津波を予想する気象庁のシステムは世界的に見ても優れたものである.しかしM8クラスを前提に評価した津波の規模はM9が引き起こす津波の規模とは大きく異なる.結果として,実際に比べてはるかに小ぶりな地震を前提に想定された津波の情報が津波被害を受ける可能性の高い地域にまず配信された.釜石市には到来する津波の予想波高が「3m」と配信された.これを受け,釜石市は防災無線で住民に広報した.その後各地で観測される実際の津波高さや修正されたマグニチュードから求められた津波高さの修正値(10m)は,停電のため住民に伝わっていない.この「想定区域外」という安心感と,「3m」の津波情報の影響は,とくに釜石市の中心市街地で顕著にみられる.津波の到達が30分後と比較的余裕があるうえ中心市街地はおおむね高台の避難場所が近いにもかかわらず,70歳以上の高齢者約110名が自宅で死亡・行方不明になっている.また,釜石市が指定した津波避難ビルでも,ビル内にいながら高層階に移動せず,死亡したケースが確認されている.この点は重要な教訓として学ばなくてはいけない.

津波災害がとくに激甚であった3県(岩手県,宮城県,福島県)を対象とし

た気象庁による津波情報の配信状況を整理すると，マグニチュードの速報値M 8 を前提として，地震発生から 3 分後の 14 時 49 分に最初の推定値として，「宮城県に 6 m，岩手県と福島県の海岸に 3 m」の津波情報を出す．地震から 28 分後の 15 時 14 分には，14 時 49 分に配信した津波情報を更新し，「宮城県に 10 m 以上，岩手県と福島県に 6 m 以上」の情報を配信するが，被災地内では停電でこの情報を受けることができなかったエリアが多く存在した．地震から 44 分後の 15 時 30 分には，15 時 14 分の津波情報をさらに更新し，「宮城県・岩手県・福島県・茨城県・千葉県に 10 m 以上」の津波の情報を出すが，この時点では岩手県は既に 10 m 以上の津波に襲われていた．

既に述べたように，高さ 10 m の防潮堤を有していた宮古市田老地区の人々を代表として，被災地の人々の中には，「自分たちの有する防潮堤で十分に阻止できる高さの予想津波の情報を地震直後に入手し，その後の大幅に高く更新された津波情報は停電で入手できない．しかも高い防潮堤で海の様子がよく見えない」という状況におかれた人々が存在したことを重要視すべきだ．

災害の教訓，特に津波災害の教訓を後世に残す手段として，被災した地点にその地域を襲った津波の高さや当時の状況を記した石碑を立てることがしばしば行われる．本書でも畑村氏が紹介されているように，過去に繰り返し津波に襲われてきた今回の被災地も例外ではなく，教訓伝承のための同様な石碑が数多く建てられ現存している．2004 年 12 月 26 日に発生したスマトラ地震津波災害で甚大な被害を受けたインドネシアのバンダアチェでも，同様な目的で図 3.28 のような記念碑が建てられている．

津波の影響を知る上で浸水深さや遡上高さは重要なパラメータであるが，津波の恐ろしさはこれらの数値だけでは語れない．津波はスタティックな現象ではなく，その本当の恐ろしさはダイナミックな動きの中に存在する．長く後世に記録を残す手段が石碑以外に存在しなかった時代や地域は別として，これからの教訓の伝承はより効果的で防災に直結するものにすべきである．今回の地震津波を含め，最近の津波災害では数多くのビデオ映像が残されている．さらには発災からの経過時間に応じた定点観測としての映像なども多く存在し，復旧・復興の過程も記録に残されている．これらの貴重な映像をデータベース化するとともに有効に活用できるシステムと環境を整備することで，津波災害の

●図 3.28　2004 年スマトラ地震津波災害の後に激甚被災地であったバンダアチェの各所に日本の支援で建設された津波ポール（目黒撮影）
この位置の海岸からの距離，津波の波高を記載してパネルがはめ込まれている．ポール上部の青い線がこの地点での津波の波高を示す．

教訓を後世に残していく必要がある．

（2）　平野部を襲う津波対策の問題

　今回の地震津波で大きな被害を受けた被災地内の最大の都市は仙台市である．死者 704 名，行方不明者 180 名となっており，建物被害も全壊 12,155 棟，大規模半壊 4,565 棟，半壊 9,796 棟となっている（6 月 5 日時点）．仙台市では地震による建物被害も見られたが，被害規模が圧倒的に大きなものは低平地を襲った津波による被害であり，市内若林区の荒浜を襲った津波は平野部での世界最大級である 10 m に達し，200～300 名の水死体が地震発生当日に発見されている．さらに津波が市内に流れる名取川と広瀬川を遡上して浸水し，大きな被害を出した．若林区では区全体の半分以上である 55.9% が津波により浸水し，宮城野区でも区全体の約 30% が浸水した．

　上記の地域と同様に低平地に位置する名取市では，市内にある仙台空港の空港ビルの 1 階部分が津波によって水没した．空港ビルの 2 階と 3 階に避難した人々は無事であったが，空港周辺に高地が存在しない当該地では避難可能な場所は空港ビルしかなかったといえる．

　既に説明したように，津波対策としての高所移転の効果は高いが，仙台市や

名取市などのように海岸部から広い低地部が続き，その低平地に多くの人々が住んでいるような地域では，近くに高台もなく高所移転は難しい．また標高を確保するためには遠距離を移動する必要があることから，高齢者や障害者などの避難弱者は避難したくても歩行での避難は難しい．彼らの中にはやむを得ず避難に自動車を使った人々もいたが，渋滞に巻き込まれ身動きができない状況で津波にのみ込まれてしまった例も多い．

低平地に住み高所移転が困難な避難弱者にとって，自動車を使った避難は不可欠である．しかし渋滞などで避難が困難にならないように，自力で逃げることのできる人は自動車を使わないようにする．近くに高速道路などの高規格道路がある場所では，これに速やかにアクセスできるようなアプローチ道を用意するなどの対策も検討すべきである．

(3) 関連死による犠牲者の問題

東日本大震災では，被害が多様でかつ被災地が広域に及ぶことから，被害の全体像の把握が困難であった．津波による犠牲者の多い人的被害に関しても，被災地が広域であることに加え，犠牲者の多くががれきの下や海中など，確認の難しい場所で行方不明になってしまったことから，その全体数の把握は困難を極めた．結果として，地震発生直後から，死者・行方不明者の数は日を追うごとに増大した．地震から約1か月後にピークを迎え，その時点で死者・行方不明者は合わせて2万8000名を超えた（4月13日時点で28,525名）．

その後の行方不明者の確認作業で，地震から半年を経過した9月末時点で，死者・行方不明者の合計は2万名を下回った（10月28日時点で死者1万5,829名，行方不明者3,724名）．犠牲者数の減少は好ましいが，この数値には関連死は含まれていない．阪神・淡路大震災による犠牲者総数6,436名の約17％（930余名）は関連死である．

東日本大震災に関しては，公式な報告はないが，直後の寒さによる低体温症や汚れた海水を大量に吸い込んだことによる津波肺をはじめ，その後の劣悪な医療環境と避難所生活を原因として，既に大勢の関連死が生じている．夏場の猛暑の中での避難所や仮設住宅での被災生活でも関連死が生じているし，津波と原発事故を原因とした広域でより長期化する被災生活の中で，さらなる関連死が発生する可能性も高い．このような人々を防ぐためには，発災直後に被災

状況や被災者の分布を精度高く把握するシステムの開発から，効率的な救命・救急法やその後の被災者の生活を適切に物的・精神的に支援する財政的・医療的システムや社会制度を含めた環境整備などのきめ細かな措置が求められている．

上記の環境を整備していく上で，筆者はマスコミの役割がとくに重要であると感じている．地震直後から復旧・復興にいたる時間経過の中で，適切な時期に，適切な情報を，適切なメディアで配信できるような体制を，専門家と協力しながらマスコミ界全体としてぜひつくっていただきたい．筆者らはマスコミ各社（大手テレビ放送局，大手新聞社）の災害報道の特性を地震直後からの時間経過の中で分析している．図 3.29 は分析結果の一つであり，地震から約 1 か月の間に新聞記事に取り上げられた被災地内の市町村について，記事に取り上げられた回数とその市町村内の犠牲者の数の関係を表したものである．この図は朝日新聞電子版の記事を対象としたものであるが，他のマスコミ各社の災害報道にも同様の大きな偏りが見られる[37]．

多数の犠牲者が発生したにもかかわらずメディアにほとんど取り上げられていない市町村では，直後からの救援物資の支援やその後の支援活動が相対的に

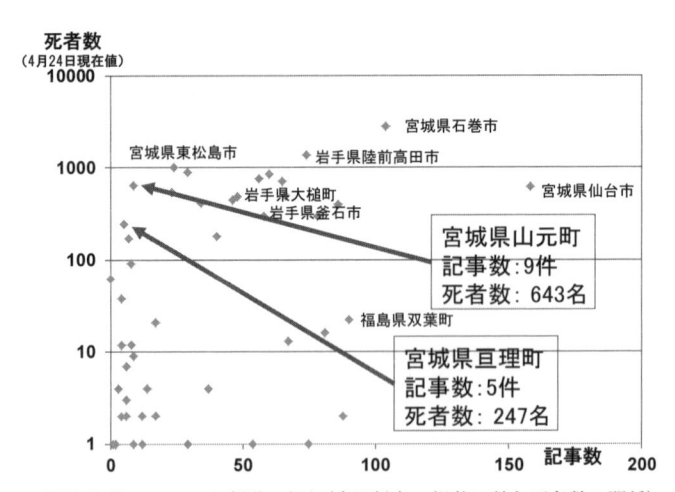

●図 3.29 マスコミ報道の偏り（市町村名の掲載回数と死者数の関係）市町村別 WEB 版の記事数（朝日新聞電子版）3 月 11 日から 4 月 12 日までの震災関連記事（市町村名が記載されている 2,107 件）．

手薄な状況になってしまう．報道の自由を最大限尊重したうえで，マスコミ各社による事前の協議に基づいて，取材地域の分担や項目の分担等で，災害発生後の時間的にも取材資源的にも制約が大きい中で，被災者と被災者を支援する人々や組織に役立つ情報を取材し，適切に報道できる仕組みをマスコミ界全体として整備することが求められている．

■参考文献

1) 内閣府緊急災害対策本部：平成23年（2011年）東北地方太平洋沖地震（東日本大震災）について，平成23年7月26日（17：00），http://www.kantei.go.jp/saigai/pdf/201107261700jisin.pdf
2) 防災科学技術研究所：平成23年（2011年）東北地方太平洋沖地震による強震動，http://www.kyoshin.bosai.go.jp/kyoshin/topics/html20110311144626/main_20110311144626.html
3) 警察庁緊急災害警備本部：平成23年（2011年）東北地方太平洋沖地震の被害状況と警察措置（10/28現在），http://www.npa.go.jp/archive/keibi/biki/higaijokyo.pdf
4) 国土交通省：東日本大震災（第84報）平成23年8月1日（月）10：00作成，http://www.mlit.go.jp/common/000139083.pdf
5) 能島暢呂：「ライフライン関係：東日本大震災におけるライフライン復旧概況（時系列編）（Ver.1：2011年3月31日まで），p.17，2011年東北地方太平洋沖地震に関する情報，土木学会地震工学委員会，2011年4月，http://www.jsce.or.jp/committee/eec2/eq_report/201103tohoku/nojima1.pdf
6) 内閣府：東日本大震災における被害額の推定について，http://www.bousai.go.jp/oshirase/h23/110624-1kisya.pdf
7) 地震調査研究推進本部：活断層及び海溝型地震の長期評価結果「2011年1月1日での算定」，http://www.jishin.go.jp/main/choukihyoka/ichiran_past/ichiran20110111.pdf
8) 東北地方太平洋沖地震津波合同調査グループ：東北地方太平洋沖地震津波情報，http://www.coastal.jp/ttjt/
9) European Commission Joint Research Center：http://www.actionsportshub.com/blog/1/mass
10) 西村明儒・井尻 厳・上野易弘（1995）：〈特集〉集団災害救急―死体検案より―，救急医学別冊，へるす出版．
11) 目黒公郎（2007）：間違いだらけの地震対策，p.194，旬報社．
12) 警察庁：直後1か月間に検死された宮城・岩手・福島3県の犠牲者の詳細（4月11日現在），2011．
13) 本川 裕：図録東日本大震災，社会実情データ図録，2011，http://www2.ttcn.ne.jp/honkawa/4363f.html
14) 宇佐美龍夫（1996）：新編 日本被害地震総覧（増補改訂版），p.493，東京大学出版会．

15) 土木学会日本海中部地震震害調査委員会編 (1986)：1983 年日本海中部地震震害調査報告書，土木学会，p. 903．
16) 加藤健二・都司嘉宣 (1994)：1993 年北海道南西沖地震の断層要素の推定と津波の特性，東京大学地震研究所彙報．第 69 冊第 1/2 号，pp. 39-66．
17) 山下　文 (2005)：溺死者の最多は子供と老年世代―昭和三陸津波と北海道南西沖地震津波の場合―，歴史地震，第 20 号，pp. 165-167．
18) 池田俊憲 (2009)：被災観光客の避難状況に関する質的事例研究―観光安全システムの確立を目指して―，地域政策研究（高崎経済大学地域政策学会），第 12 巻，第 1 号，pp. 131-149．
19) 廣井　脩・中村　功・中森広道 (1993/1994)：巨大津波と避難行動―奥尻島青苗地区で何が起こったか―北海道南西沖地震調査報告 (1)，(2)，『月刊消防』，1993 年 12 月号，1994 年 1 月号．
20) 廣井　脩・中村　功・中森広道 (1994)：1993 年北海道南西沖地震における住民の対応と災害情報の伝達，東京大学社会情報研究所，1994 年 1 月．
21) 熊谷　誠 (2005)：津波による高地移転集落の現状と防災上の課題，総合政策，第 7 巻，第 1 号，pp. 97-98．
22) 建設省国土地理院 (1961)：チリ地震津波調査報告書―海岸地形とチリ地震津波―．
23) 越村俊一 (2006)：津波防災対策としての高地移転と土地利用規制，自然災害科学，Vol. 25，No. 2．
24) 首藤伸夫 (2011)：三陸地方の津波の歴史，土木学会海岸工学委員会 東北地方太平洋沖地震津波情報．
25) 山口弥一郎・田中館秀三 (1936)：三陸地方に於ける津浪に依る集落移動，地理と経済，日本経済地理学会，第 1 巻，第 3 号．
26) 山口弥一郎 (1980)：山口弥一郎選集別巻一 東北地方研究余録東北の地理・小説・随筆，国民図書刊行会，pp. 202-208．
27) 片田敏孝：速報「釜石が繋いだ未来への希望　子供犠牲者ゼロまでの奇跡」，群馬大学広域首都圏防災研究センター，2011 年 3 月，http://www.ce.gunma-u.ac.jp/bousai/research02.html
28) 岩手県釜石市：「津波防災教育の手引き」，2011 年 3 月，http://www.ce.gunma-u.ac.jp/kamaishi_tool/index.html
29) MSN 産経ニュース：「『避難 3 原則』守り抜いた釜石の奇跡　防災教育で児童生徒無事」，2011 年 4 月 13 日．
30) Asahi. com：「市議の「遺言」，非常通路が児童救う　津波被害の小学校」，2011 年 3 月 29 日 17 時 6 分．
31) 毎日新聞：「証言 3・11：東日本大震災 海岸から 400 メートル保育所，園児 90 人無事――岩手」，2011 年 5 月 22 日，http://mainichi.jp/select/weathernews/news/20110522ddm041040056000 c.html
32) 読売新聞：「なぜ大川小だけ多数被害…　説明求め要望書」，2011 年 6 月 2 日，http://www.yomiuri.co.jp/feature/20110316-866918/news/20110601-OYT 1 T01157.html
33) 河北新報：「児童 74 人死亡・不明の大川小　教員の意見割れ，40 分経過」，2011 年 6

月 6 日，http://www.kahoku.co.jp/news/2011/06/20110606t13017.html
34) 河北新報：「その時　何が (11) 幼稚園バスのんだ濁流（宮城・山元）」，2011 年 5 月 25 日，http://www.kahoku.co.jp/spe/spe_sys1072/20110525_01.htm
35) 港湾空港技術研究所：釜石港における津波による被災過程を検証「津波防波堤の効果」，2011 年 4 月 1 日，http://www.pari.go.jp/info/tohoku-eq/20110401.html
36) 産経新聞：「釜石の死者・不明 65% が「津波想定区域外」」，2011 年 6 月 21 日．
37) 沼田宗純・國分瑛梨子・坂口理沙・目黒公郎 (2011)：「効果的な災害対応に貢献する報道モデル」の構築に向けた 2011 年東日本大震災直後の WEB ニュースの基礎分析，生産研究，63 巻，4 号，pp. 163-169．
38) 農林水産省農村振興局・農林水産省水産庁・国土交通省河川局・国土交通省港湾局：津波・高潮対策における水門・陸閘等管理システムガイドライン，p. 172, 2006（平成 18) 年 3 月．

4

東日本大震災に思う

畑村洋太郎（はたむら・ようたろう）
1941年生まれ．東京大学名誉教授，失敗学会主宰．東京電力福島原子力発電所における事故調査・検証委員会委員長．
［研究分野］生産加工学，創造的設計論
技術の創造と教育の方法論を研究．失敗知識活用研究会を通じて失敗学を構築．また，畑村創造工学研究所を開設し，危険学プロジェクトも継続．「3現主義」（現地・現物・現人）を提唱．
［主な著書］『技術の創造と設計』（岩波書店，2006），『未曾有と想定外』（講談社，2011），『「想定外」を想定せよ！』（NHK出版，2011）

注：畑村洋太郎氏は東京電力福島第1原子力発電所事故の原因を検証する第三者機関「東京電力福島原子力発電所における事故調査・検証委員会」委員長に2011年5月24日に就任されましたが，本書は就任以前のご執筆であることをお断りします．

そのとき私は ──

　地震が起こった 2011 年 3 月 11 日の午後 2 時 46 分に，私は JR 中央線の穴山駅にいた．穴山駅は韮崎と小渕沢との間にあり，標高の高い地点にある駅である．前日から，日本の産業の将来像を探るため，伊那にある工場を視察し，特急「あずさ」で帰京する途中であった．14 時 46 分に列車が穴山駅に入ったとき地震が発生した．

　走行中の列車の揺れとははっきり区別できるかなり大きな揺れだったが，列車が脱線するような危険性は感じなかった．窓の外では約 50 m おきに立っている電柱を繋いでいる電線が縄跳びのひものように，非常に大きく揺れていた．普通の地震の揺れならすぐ収まるが，揺れは非常に長く続き，感覚的には 3 分ほど揺れていたように感じられた．結局この列車は駅に止まったままで，乗客は 1 時間ほど列車内に留め置かれた．その後，乗務員の指示でいったん車外に出たが，また中に入って，列車が動かないまま翌朝を迎えることになった．

　携帯電話のワンセグでとんでもなく大きな地震と津波が起こっていることを知ったが，携帯電話の電池が切れてしまい，夕方からはワンセグを見ることができなくなった．家族の安否が気になったが，電話はほとんど通じなかった．ただ家人からの無事を知らせるメールを受信できたので，安心した．自分の無事を伝えることもできた．翌 12 日の朝に列車が動き，新宿駅に着いたのは正午頃だった．茅野駅で乗車してから約 22 時間乗っていたことになる．

　同じ頃に東京にいた人達はかなり大きな揺れを感じたそうだ．金曜日の午後 3 時前だったので，みなそれぞれの職場や学校などで地震に遭遇したことになる．電車が動かず帰宅できずに職場に泊った人も多かったし，夜中徒歩で自宅へ向かった人も多かったようだ．多くの帰宅困難者が出て，大変な混乱だったようだ．

4.1 "3現"で知ったこと

　災害にあった現場に実際に行ってみると，たくさんのことを感じ，考える．東日本大震災の津波について，普段から筆者がその重要性を主張している"3現（現地に行き，現物を見て，現人に会う）"を実践し，実情を調べた．その後，被害の実情，津波の現象，復興，防災活動の効果，災害と力学，などの観点から筆者なりにまとめ，全体像を作った．しかし，筆者は津波や災害の専門家ではないので，ここではそのような学術的なテーマに沿って話を進めるのではなく，実見の印象とそれに基づくいくつかのテーマについて述べる．

　筆者は，若い頃から津波はこの世で最も危険な自然災害の1つではないかと考えていた．そして，津波の経験や知識がどのように人々の日々の生活の中に取り入れられ，変化していくのかに注目してきた．筆者が東京大学時代の研究室の卒業生達と作っている「実際の設計研究会」では，1996年に『続々・実際の設計―失敗に学ぶ―』（日刊工業新聞社，実際の設計研究会編著）を出版したが，この本に三陸地方の津波に関する考察を収録するに当たり，研究会のメンバーが三陸地方で調査を行った．このとき筆者は同行しなかったが，出版後の1997年に筆者もこの地方を訪れ調査することができた．それから14年が経ち，2011年3月11日に東日本大震災が発生した．その約2か月後に，以前調査を行った場所がどうなっているかを調査するために，再び三陸地方を訪れた．図4.1は今回の調査の行程と訪れた場所を示したものである．津波については"3現（現地・現物・現人）"主義に基づくこれら2度の調査で知り得たことを以下に述べる．

　一方，3月11日の地震と津波で大きな被害をこうむり大事故となった東京電力福島第1原子力発電所では重大な事故が現在も継続しており，放射線の影響のため近付くことができないため，"3現"を実践することができない．しかし，津波や地震と原子力発電の関係を考えるには，2007年の中越沖地震で被害を受けた東京電力柏崎刈羽原子力発電所の例が非常に参考になる．そこで，中越沖地震後に柏崎刈羽原子力発電所を視察したときに得た主な知見を述べる．

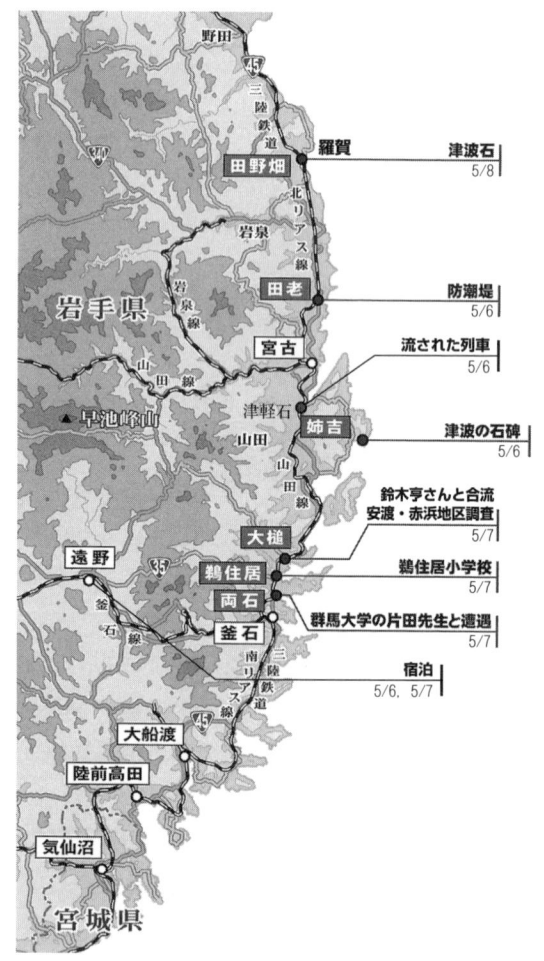

● 図 4.1 三陸視察行程
（『「想定外」を想定せよ！』（NHK 出版，2011）口絵より改変・転載）

4.1.1 ── 津 波

（1） 田老の防潮堤

岩手県宮古市の田老地区は 1896（明治 29）年の明治三陸津波でも 1933（昭

和8) 年の昭和三陸津波でも壊滅的な被害を受けた (図 4.2～4.5). その後津波対策として高所移転や地盤のかさ上げ等を実施しようとしたが, 結局はうまくいかなかった. その後, 巨大な防潮堤を構築し, 町を保護することを決意し, 実行した. 以下に述べることは主に15年前に行った田老の防潮堤の調査に基づくものである.

田老の防潮堤には1934年から1957年にかけて (戦争等で一時中断) 建設された古い部分とその後に建設された部分とがある. 総延長が2kmを超える長

●図 4.2 明治三陸大津波の死者数と波高[1]

●図 4.3 昭和三陸津波襲来前の
　　　　旧田老町
津波襲来：1933（昭和8）年3月3日，
写真撮影：1933年2月5日．（引用：
岩手県宮古市HP, 2006.9.19）

●図 4.4 昭和三陸津波襲来直後の
　　　　旧田老町
津波襲来：1933（昭和8）年3月3日，
写真撮影：1933年3月3日．（引用：
岩手県宮古市HP, 2006.9.19）

写真撮影位置
（津波襲来前）
日枝神社から

写真撮影位置
（津波襲来直後）
周辺の高台から

●図 4.5 東日本大震災の津波襲来前の田老地区
　　　　（引用：岩手県宮古市HP, 2006.9.19）

大な防潮堤は"万里の長城"とも称される．図4.6に示すように古い防潮堤と新しい防潮堤がX字状になっているが，X字の左に相当する内陸側の防潮堤が古いものである．X字の右側に当たる海側の防潮堤が戦後の高度成長期に新たに追加されたものである．古い防潮堤に囲まれた北西の地域が町の中心部で，人口が最も稠密な所である．

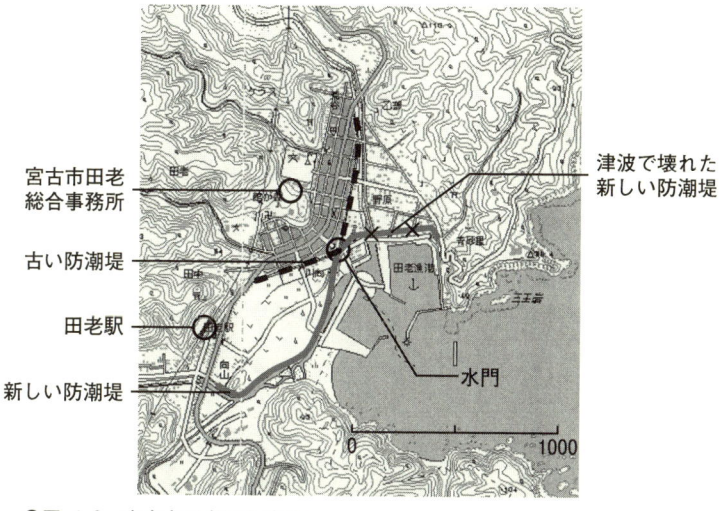

●図 4.6 宮古市田老町と津波
（地図：国土地理院電子国土Webシステムより）

　現地に行ってみると，古い防潮堤は壊れていないが，新しい防潮堤のうち北東（X字の右上）の部分は木端微塵に壊れていた（図 4.7）．古い防潮堤で守られていた町の中心部（図 4.8 の古い防潮堤の左側の地域）も津波で壊滅的な被害を受けていたが，新しい防潮堤と古い防潮堤に挟まれた地域は津波によってすべてが流され，まったくの荒野になっていた．

　古い堤防の内側の町の西側の高台に役場があり，そこから放射状に道が延び，それに直角に交わる太い道路網が作られていた．最短距離で避難できるよう道路を作っていたのである．また，道の曲り角はすべて"隅切り"という面取りがしてある．これは一斉に避難するときに人々が衝突したりして混乱が起きないようにするためと，水が遠くから攻めてくるのを目視できるようにするためだそうである．

　一方，古い堤防の外側の地域の道路には，このように避難するときのことが考えられていた形跡は見られない．古い堤防の内側の地域は津波を想定した町づくりが行われていたが，新しい堤防が作られて町が広がったときには，このような考え方が失われてしまったのではないかと思われる．

　X字の防潮堤の交点に水門がある．15 年前に来たときに水門をどのように

●図 4.7　木端微塵にブッ壊れた田老の新しい防潮堤（2011.5.6 畑村撮影）【口絵7】

●図 4.8　田老防潮堤の交差部分から見た新旧防潮堤内部の被害の違い（2011.5.6 畑村撮影）

管理しているかを地元の消防団員に尋ねた．消防団員達は24時間いつでも水門の開閉ができるように交代で屯所に詰め，地震があったり，津波注意報や警報が発令されたり，津波が予想される場合はこの水門を外側から閉めるのである．水門を閉めた団員は防潮堤の脇の階段を上って居住区側に逃げるそうだ．なぜ電動でやらないのかを尋ねると，消防団の人の答えは，「電気が来なかったらどうするんですか？」というものだった．彼らは電気が来ないことを想定して，手動で閉めるのが最も信頼できる水門の管理方法だと考えていたのである．今回の津波の後に来てみると，はたして，水門はきちんと閉まっていた（図4.9）．消防団の人達は正しく任務を遂行したのである．水門の真上にある，水門を動かすための動力部分を納めた小屋が流されてなくなっていたが，駆動用のエンジンと減速機と回転の切替え装置は健在であった．水門は手動で閉めたのではないかと思うが，この動力を使ったのかもしれない．

水門のすぐ脇の海側に理髪店があり，15年前は繁盛していた（図4.10）．消防団の人が危険だから防潮堤の内側に移るよういくら忠告してもここを動かないのだそうだ．住人はいち早く避難して無事だったらしいが，建物は津波の直撃を受けて流され，土台が残っているだけだった．やはり消防団の人が言うように，海の側に人が住むのは危ないのである．

（2）　姉吉の石碑

14年前に訪れた姉吉地区（岩手県宮古市）にも行ってみた（図4.11）．三陸地方には大津波の教訓を伝える石碑が数多くある（図4.12）．以前姉吉を訪れ

駆動装置の小屋は流された　　　　床屋は跡形もなく流された

●図 4.9　閉じられた水門と右手の床屋の跡（津波襲来後）
　　　（2011.5.6 畑村撮影）

●図 4.10　田老町の防潮堤と防潮扉（津波襲来前）
　　　（1996.2.29 畑村撮影）

たときに見た大津波記念碑がどうなっているかが気になっていたが，行ってみると石碑は健在であった（図4.13）．今回の津波は石碑までは届かなかったのである．この石碑は昭和三陸大津波の後に建てられたもので，「ここより下に家を建てるな」と書かれている．以前訪れたとき誰がどのように建てたのかを見ておかなかったので調べたいと思っていたが，石碑の側面に「昭和8年の津波の朝日新聞社の義捐金の残りでこれを建てた」と書かれていた．

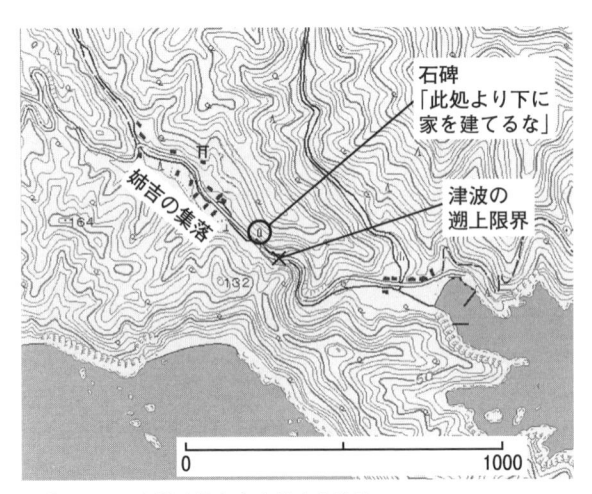

● 図 4.11 岩手県宮古市姉吉と津波
（地図：国土地理院電子国土Webシステムより）

大津浪記念碑

高き住居は児孫に和楽
想へ惨禍の大津浪
此処より下に家を建てるな

● 図 4.12 三陸大津波の教訓を伝える石碑（宮古市姉吉）
【口絵8】

　この石碑から100～150 m上ったところに約10軒の集落がある（図4.14）．姉吉地区の人々は石碑の教えを忠実に守って，石碑よりも高い所に住んでいたため，被災を免れた．過去の知見を後世に伝え，その教えに従う人がいて，命が守られたのである．
　石碑から海の方へ下りていくと，誰かが立てた遡上限界の目印が置いてあっ

●図 4.13 姉吉の大津波記念碑と筆者（2011.5.6撮影）記念碑の側面に「昭和8年の津波の朝日新聞社の義捐金の残りでこれを建てた」と書いてある．

●図 4.14 姉吉の大津波記念碑の位置（地図によると標高約50m）（2011.5.6 畑村撮影）

た．石碑から遡上限界までの距離を歩測してみたが，約110mであった．この遡上限界は非常にはっきりと見て取ることができた．というのは，そこより少し高いところに生えている植物もすべて色が変わっていたからである．遡上限界のすぐ下には津波で流された木が多量に運ばれてきていた．

石碑から約500m下ると海岸に出た．右も左も岩肌がむき出しになっており，遠くに海が見える．昔見たときと同じく，非常に恐ろしい光景であった．以前ここに来たときには津波で海の壁が押し寄せてきたらどうなるのかと考えたが，事実そのとおりになってしまったのである．今回改めて眺めてみても，その恐ろしさは昔と同じである．

（3） **大槌町**

岩手県大槌町（図4.15）に行き，津波の被害を調べた．この地域も14年前に訪れたのだが，そのときは漁業協同組合に勤務し，大槌町の消防団に所属している鈴木亨さんに案内してもらって町を見て回るとともに，町の津波への対応について詳しく話を聞いた．鈴木さんは現在（2011年5月）被災して安渡地区の避難所である大槌稲荷神社で生活しているが，何とか連絡を取ることができ，鈴木さんの案内で大槌町を見て回ることができた．

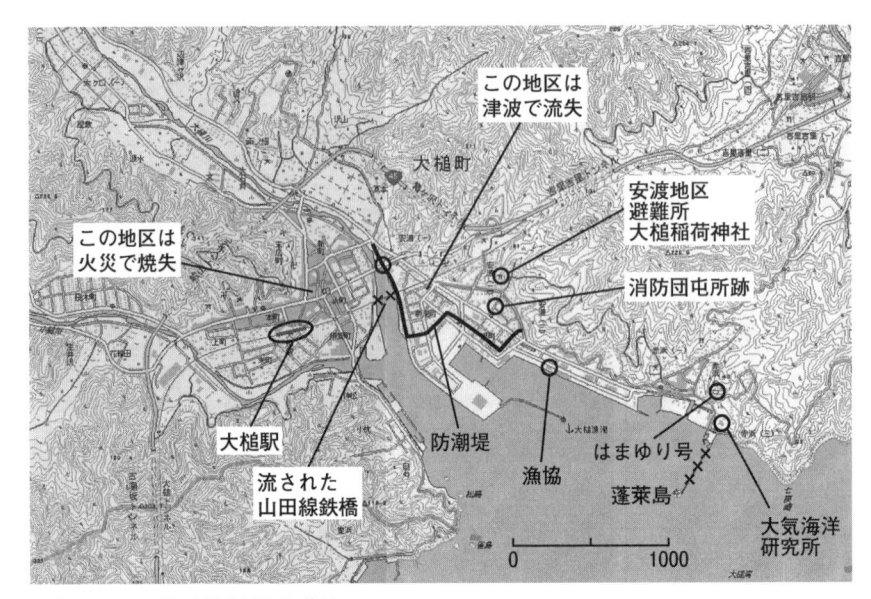

●図 4.15　岩手県大槌町と津波
　　　　（地図：国土地理院電子国土 Web システムより）

　大槌港の東のはずれ（大槌町赤浜）に東京大学大気海洋研究所国際沿岸海洋研究センターがある（図4.16）．ここは2階まで完全に水に浸かって，内部が完全に壊れていた．3階部分は外見からは無事だったように見えるが，内部はやはり破壊されていた．
　この研究センターから500mほど離れた湾内に蓬莱島がある．この島も津波に襲われたが，なぜか祠だけは無事であった．しかし，祠のすぐ裏手にある灯台は折れて倒れていた．また，海岸と島を結ぶ桟橋はまったく消えてなくなってしまった．ちなみに，この蓬莱島は今から40年ほど前，NHKで放映された「ひょっこりひょうたん島」のモデルになった島だそうだ．
　研究センターのすぐ裏に漁船が打ち上げられていた．また，民宿の屋根の上に観光船「はまゆり号」が載っていた（図4.17）．このはまゆり号は釜石市が保有する観光船で，付近の造船所で点検修理中だったところを流されたのだそうだ．この民宿の上に載ったはまゆり号は今回の津波の威力を示すものとして，写真や映像が多くのメディアに取り上げられた．後世に津波の凄まじさ・

●図 4.16　津波が2階まで押し寄せた大槌町赤浜の東京大学大気海洋研究所（2011.5.7 畑村撮影）

●図 4.17　大槌町赤浜で2階建民宿に乗り上げた釜石の観光船「はまゆり号」と筆者（2011.5.7撮影）

恐ろしさを伝える象徴として保存したいという意見もあったが，建物の崩壊等の危険性を考えると保存は難しいそうだ．結局，後日，はまゆり号はクレーンで降ろされ，解体された．

　"ジオパーク"という地質現象や地球の活動がよくわかる遺産などを公園として保護して，後世に伝えようという活動があり，日本では洞爺湖の有珠山や雲仙普賢岳を含む島原半島などが世界ジオパークに登録されている．洞爺湖の有珠山では地球の活動の凄まじさを伝えるものとして災害遺構なども公園内に保存されている．筆者ははまゆり号と民宿がジオパークとして最適ではないかと考えたが，残念ながら実現しなかった．

　海辺に近い鈴木さんの勤務先の漁業協同組合の建物は3階まで津波が到達していた．中はまったく片付けられず，津波の直後の建物の中の荒れた様子がそのままになっていた．机や書類が散乱するだけでなく，床に数cmのヘドロ状のものが堆積し，乾燥してひび割れていた．このあたりを襲った津波の高さは，建物の床や壁の様子から推定すると，12〜15m程度だったようだ．この漁協の4階相当部分の展望台から町の様子を眺めたが，周囲の景色は15年前とはまったく変わっていた．現在がれきが相当片付けられていたが，町は荒野のようになり，人の気配がまったくなかった（図4.18）．

　居住区域を保護するために作った防潮堤は，始めに作った約3mの堤防の上にさらに3mほどの高さを積み増した6mほどの堤防である．防潮堤は一部が破壊されていた．10数個の水門のうち，鈴木さんは3つの水門を閉じた

●図 4.18 大槌稲荷神社階段下から安渡地区全域
　　　　（2011.5.7 大槌稲荷神社から畑村撮影．カバー写真参照）

●図 4.19 箱構造の水門扉は浮いて流されている

そうだ．15年前に来たときに水門を実際に閉めるところを見せてもらったが，その水門を見に行った．水門は津波が押し寄せるときには突破できない構造になっているのに，なぜか堤防の内側に流されていた（図4.19）．考えてみると，おそらく津波が押し寄せてくるときは持ちこたえたが，中に入った海水が引くときにはずれて流されたのであろう．そして，いったん外側に流された水門が津波の第2波によって内側に運ばれたと考えられる．

　高台にある安渡地区の避難所の大槌稲荷神社（図4.20）で，津波に遭遇した人達から話を聞くことができた．避難せずにいたら津波に流され，結局泳いで助かったという老婆がいた．泳ぐことができたということが非常に大事な点である．たぶんこの地域は防潮堤が完全に破壊されずに残っていたために，15mの高さの津波が防潮堤を越流した後，水が一気に引くのではなく，湛水していたのだろう．だから泳ぐことができたのではなかろうか．そうでなければ

●図 4.20　鈴木亨さんの避難している岩手県大槌町の大槌稲荷神社（2011.3.12 鈴木亨氏撮影）

●図 4.21　大槌稲荷神社と津波の痕跡（2011.5.7 畑村撮影）

●図 4.22　大槌川橋梁から流出した JR 山田線橋梁を見る（2011.5.7 畑村撮影）

泳ぐことができるはずがない．

　避難所のある高台の崖を覆っているコンクリートには，津波に流されたがれきや流木が擦った跡がはっきり残っていた．高台の中腹にある海面から 15 m ほどの高さのテラス状の場所まで擦られた跡がついていた（図 4.21；図 4.38 も参照のこと）．

　神社はこのテラス状の場所からさらに石段を 40 段上ったところにある．過去に何度も津波に襲われた経験から，神社は絶対に大丈夫だという高さに建てられたに違いない．津波から住民を守る安全な場所という先人の遺産であるこ

とがわかる．

　町の中心部にある大槌川にかかる橋のたもとから海の方を見ると，山田線の鉄橋の残骸があった（図 4.22）．橋桁は離れた所まで流され，残っていたのは一部の橋脚だけである．また，土盛りになっていた線路の路床は一部分が残っていた．

　大槌駅は標高 5～7 m と思われるが，ホームだけを残し，駅舎などはすべて洗い流されていた．跨線橋も崩れていた．津波の力がいかに強かったかがわかる（図 4.23）．駅周辺の建物は津波で破壊された後，火事で消失していた．

　話は変わって，常磐線の新地駅（福島県）で列車が津波に遭遇した．乗客はたまたま列車に乗り合わせた警官に誘導されて避難場所まで逃げたが，乗務員は列車に残り，津波が押し寄せる寸前に跨線橋の上に避難して，かろうじて助かったということである．大槌駅の跨線橋が破壊されていたことを考え合わせると，跨線橋に上れば助かるのではなく，たまたま跨線橋が壊れなかったから生き残ることができたと考えなければならない．高さがあっても構造体としての強さがないものは避難場所としては非常に危険である（図 4.24）．

●図 4.23　JR 山田線大槌駅
（2011.5.7 畑村撮影）

●図 4.24　津波で押し流された常磐線の車両
（福島県新地駅．写真提供：共同通信社）

（4）両石湾

　津波が来たとき防潮堤がどうなるかを知るには両石湾（釜石市両石町）の防潮堤を見るのがよいと聞き，見に行った．約12mの高さの防潮堤は木端微塵に壊れ，破片はばらばらな方向に倒れていた（図4.25）．海面から約20mの高さの所に家の土台だけが残っていた．さらにその10mほど上の所にも家

●図 4.25　両石湾奥の崩れた防潮堤
（2011.5.7 畑村撮影）

の土台だけが残されていた．この地区には30m近くの津波が来襲したことになる（これらの数字はすべて畑村の印象に基づくもので，計測したものではない）．津波がこのような高さになるのは，湾の構造が津波をせり上げる働きをするからだと考えられる．しかし，そのような大きな津波が予想される場所に，高さ12mの防潮堤を作ってもどれだけ意味があるのか疑問である．おそらく作るときには，田老のときと同じく，ある程度の強さの防潮堤を作っておけば避難する時間が稼げると考えたからではないだろうか．しかし，津波が来ないまま何十年という時間が経過するうちに，いつのまにかこれだけの防潮堤があれば大丈夫，その防潮堤よりはるか高い所にある家ならば大丈夫だと思っていたのではないだろうか．人の記憶の長さと大津波の来襲の間隔のミスマッチで様々なことが起こることがわかる．

（5） 羅賀の津波石

　岩手県田野畑村の羅賀（うが）地区に津波石があると聞いて訪ねてみた．小さな湾の奥が傾斜地になっており，畑になっていた．畑の端に大きい津波石と小さい津波石があった．いずれも明治の大津波のときに流されてきたという（図4.26）．畑のすぐ上に住んでいる人が，今回の津波は小さい方の津波石の下の所まで来たと教えてくれた．標高は25mほどではないかと思う．津波石はいずれも丸い．津波で海底にある石が運ばれてくるため，最後には角が取れて丸くなるのだろう．話は変わるが，富山県の常願寺川の流域にはあちらこちらに

●図 4.26　明治三陸大津波（1896年）で打ち上げられた田野畑村羅賀の2つの津波石（2011.5.7 畑村撮影）

●図 4.27　常願寺川の大転石（2007.8.7 畑村撮影）

"大転石"がある．立山カルデラから土石流によって運ばれてきたものである．これらの大転石も同じように丸い（図4.27）．この大転石の中には一度の洪水で約20 kmも移動したことがわかっている素性の確かな転石もある．羅賀の津波石も湾内の直近のものか，数km先の海底から来たものか，岩石の組成を調べるとわかるのかもしれない．

　津波は水を運ぶだけでなく，石も運ぶのである．このように石さえ転がす水の力を考えなければならない．

4.1.2 ── 原子力発電所

　先に述べたように，今回の津波で大きな被害をこうむった福島第1原子力発電所は放射線の影響のため，近づくことができない．そこで，津波や地震と原子力発電の関係を考えるに当たって非常に参考になる2007年の中越沖地震で被災した東京電力柏崎刈羽原子力発電所の視察で得た主な知見を以下に記す．

　中越沖地震は2007（平成19）年7月16日に発生した．新潟県柏崎市と刈羽村の境にまたがる東京電力柏崎刈羽原子力発電所はこの地震で被害を受けた（図4.28）．そのときの被害の概要を示したものが図4.29である．原子力発電

●図 4.28　柏崎刈羽原発の中間部の丘の上から西方向を望む（2007.9.6 畑村撮影）
　　　見えているのは1～4号機の原子力発電の建物．

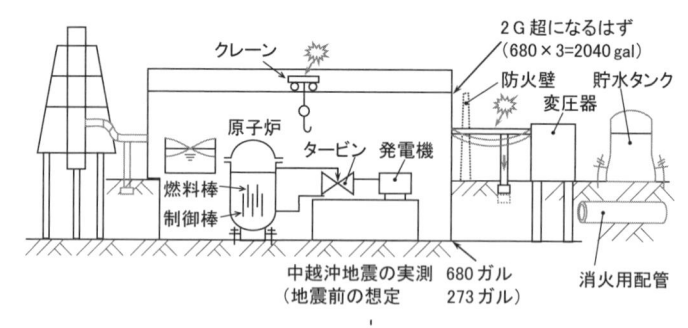

●図 4.29　新潟県中越沖地震の被害の概要
　　　大事に思うところには注力するが，周辺は疎かになる．

所で最も重要な原子炉やタービン・発電機などの発電施設の損傷はなく，原子炉の緊急時の基本である"止める・冷やす・閉じ込める"という3つは実現できた．

　しかし，周辺設備は様々な損傷を受けた．たとえば，燃料保管用プールではスロッシング（ビッチャンバッチャン）が起こった．原子炉の蓋を運ぶクレーンの駆動軸が折れた．また，排気筒のダクトが折れた．原子力発電所に電力を供給するための変圧器と建物を結ぶ電気用のダクトが地盤の不同沈下のためにショートして火災が起こった．消火用の配管が地中に埋設されていたため，地盤の不同沈下でこれが破断され，消火に必要な水を得ることができなかった．また，貯水タンクが変形し，根元のねじがちぎれていた．

　これらの損傷の結果，安全上最も重要な施設は損傷を受けなかったが，その周辺の重要と考えられていなかった部分が損傷し，全体としては"電力を供給する"という機能を果たすことができなくなった．

4.2 実見の後で考えたこと

4.2.1 — 津 波

(1) 駆け上がる

　津波は駆け上がるものである．
　これまで筆者は津波について，水面が垂直方向へ盛り上がって陸地へ押し寄せてくるものというイメージをもっていた．また，浅くなるに従って波の進行が遅くなり，後から来た波が重なって，波頭のところで壁のようになるということも認識していた．しかし実際は，津波は静的に海水が盛り上がるというより，水平方向にものすごい速度で走る水の固まりと考えなければならないことがわかった[2]．今回の津波の様子を撮影した写真とその地図上の位置から，水平方向の速度が時速 115 km と計算されたという記事があった（日本経済新聞 2011 年 4 月 22 日）．つまり秒速 30 m で海から水平方向に進んでくることになる．津波を波として見るのではなく，"水平方向に走る奔流"と考えなければならない．
　釜石のように防波堤を海中に作っていたとしても，この速度でぶつかれば軽々と乗り越えてしまう．また，川に流れ込んだ津波は河口から谷間に向かってどんどん遡る．今回の津波で最高の遡上高さは 40.4 m と言われている（毎日新聞 2011 年 7 月 18 日）．
　駆け上がるという現象は運動エネルギーと位置エネルギーの変換と考えればよい．30 m/s で来た波は高さにすれば 45 m の位置エネルギーをもつことになるが，津波の高さを 15 m として 38〜39 m という遡上高を考えると，半分くらいの高さまでしか駆け上がっていないようである．これはたぶん水の中に岩石やがれきなどが混ざっていることによって地面との摩擦が非常に大きくなっているためではないかと考えられる．
　一方，防波堤にかかる運動エネルギーを計算すると，運動量の変化と力積の関係から，1 m^2 当たり約 90 t というとんでもない大きな力になることがわか

る．壁にぶつかったときの力の大きさを考えれば，両石湾の高さ 12 m の防潮堤が滅茶苦茶に壊れていたことも理解ができる．

（2）万里の長城

宮古市田老地区では万里の長城と言われる防潮堤を作っていた．"田老は防潮堤を作って津波に対抗しようとした"と言われることがある．また，今回の津波災害の後，"万里の長城を作って津波と戦ったがうまくいかなかった"，"10 m の高さの堤防で 15 m の津波には役に立たなかった"という文章を散見するが，実はそうではない．

津波を敵としてそれに対抗しようとするのではなく，津波を"いやでも襲来する巨大な力をもつ怪物"と考え，それと折り合いをつけるという考え方で作ったものが田老の堤防だと考えられる．明治の津波が 15 m の高さで襲来したことを知りながら 10 m の高さの堤防を作ったということは，5 m 分が越堤することを初めから考えていたのではないだろうか．

では，なぜそういう構造のものを作ったのであろうか．津波の勢いをなるべく減じ，避難する時間を稼ぎたいと考えたからに違いない．さらに，津波は押し寄せてくるときだけでなく，引くときにも破壊的な力をもつことを知っていたからではないだろうか．そう考えると，古い堤防に守られた部分と新しい堤防に守られた部分との津波後の景色が違うことの説明がつく．津波が押し寄せてきた後，古い堤防の内側は海水が一気に引くことなく，そこに滞留して巨大な池のような状態になったと推測される．そのお蔭で一度は津波で流された人も何とか水の中から這い上がり，生き延びることができたのではないだろうか．また，古い堤防の内側で被災した人は遺体が発見されたが，古い堤防と壊滅した新しい堤防との間にいた人は行方不明者が多い．行方不明の多くの人達は水が引くときに流されてしまったと考えられる．

木端微塵に壊れた新しい堤防は，コンクリートの塊で作られているようで，厚みのないものだった．古い堤防は盛り上げた土の表面をコンクリートで被覆したもので，居住区に面する斜面は緩やかな傾斜になり，厚いものだった（図 4.30）．このような構造でなければ，津波による洗掘を防ぎ，しかも津波の横方向の力に対抗することができないのではないだろうか．

田老では，町が発展して古い堤防の内側には収まりきらなくなると，新しい

●図 4.30 健在だった田老の古い防潮堤の背面
（2011.5.6 畑村撮影）【口絵7】

水門の機械駆動装置（電動ではない）

●図 4.31 水門の機械駆動装置（2011.5.6 畑村撮影）

堤防を作って町を広げた．しかも，古い堤防の内側の地域は高台への避難経路が整備されていたが，新しい堤防を作ったときはそのようなことは考えなかったようだ．住民は堤防の内側だから安全だと思い込んで暮らしていたのではないだろうか．

　また，防潮扉は電源が遮断されることを前提に考え電動にはしていないと答えた消防団（図4.31），一方外部電源があることを基本に考え，それが遮断さ

れた際は原子力発電所内部に設置された非常用発電機で発電すればよいと考えていた福島原子力発電所，これらは津波に対する経験の差と言えるのではないだろうか．

（3） 信玄堤[3]

田老の堤防を見ていると5年ほど前に実際に見に行った甲府盆地の信玄堤のことが思い出される．田老の古い堤防も信玄堤も水に対抗しようとしたのではなく，"しのぐ"，"いなす"という思想で作られている．

信玄堤は戦国時代に武田信玄によって作られたものである．その頃人間が利用できた力やエネルギーと，現在人間が利用できる機械力および石油を使ったエネルギーを比較してみよう．人間1人を例えば0.1馬力，現在の機械が100馬力だとすると，1人の人間が使えるエネルギーが1,000倍にもなっている．今の1/1,000の力しかない人間が自然と付き合わなければいけないときに，自然と戦おうとしただろうか．戦いなど絶対にするわけがない．勝ち目がないからである．

そこで，適当に付き合うということを考え，破滅的な被害を避けようとしたに違いないのである．たとえば，山の中から噴き出してくる土石流をそのまま受け止めるのではなく，"将棋頭"という将棋のような形で水を2つ，4つ，8つと分けていき，水の勢いを削いだ上，さらに水どうしをぶつけてエネルギーを減殺していく知恵を使って自然の猛威を逸らしていたのである（図

●図 4.32 白根将棋頭（信玄堤）
（2005.5.22 畑村撮影）

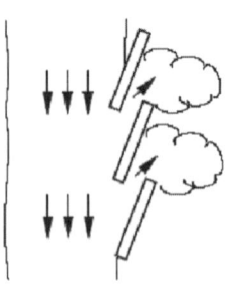

●図 4.33 霞堤（信玄堤）
小規模な氾濫をわざと起こし，堤防の破壊を防ぐ．

4.32).また,"霞堤"という治水技術があった（図4.33）.堤防を1本の直線にするのではなく，切れ目を入れておくのである．増水時には切れ目から水を逃がして，堤防への負荷を軽減するようになっている．浸水が予想される地域は遊水地等にしてあった．さらに，水位が下がれば逆にその切れ目から水が河川に戻ることもできる．

田老の古い防潮堤もそれと同じで，津波に正対して真っ向からその勢いを受け止めるのではなく，津波の勢いを逸らせ，川に沿って這い上がらせる配置にすることによって壊れなかったのである．一方，戦後になって高度成長期で大きな力を使えるようになって作った新しい堤防は，津波を真正面から受け止める配置にしていたために，木端微塵に壊されてしまったのである．このような点からも，古い堤防が津波と折り合いをつけるという考え方で計画されたことがうかがえる．

（4） 逃げない

"津波が来たら逃げろ"と常々言われていたにもかかわらず，逃げなかった人も多い．なぜ逃げなかったか，今は知るすべはない．実際に大槌町で避難を呼びかけて町を走り回った消防団の鈴木亨さんの話では，堤防の外側で仕事をしていた人は大地震直後に津波の警報を聞いた後，全員すぐに高台まで逃げ，1人も亡くなっていないそうである．

ところが，堤防の内側にいた人はたくさん亡くなっている．とくに高台の裾野に近い，逃げる意思さえあればすぐに逃げられた所で多くの人が亡くなっている．今回は地震から30分余り経ってから津波が襲来しているので，歩いてもゆっくりと逃げられたはずである．逃げろと言っても逃げなかったのである．鈴木さんのお母さんも逃げろと言われたが，逃げる必要はないと言って初めは逃げなかったという．それでも鈴木さんはもう一度家に戻って，「何が何でも逃げろ」と言ったら，「そんなに言うならしかたがないから逃げる」と言って裏山に逃げたという．それまでいた家は木端微塵に流されもう今は跡形もない．お母さんは息子の必死の説得に負けて命を長らえたのである．

このように，防潮堤に力があると信じ，しかも津波警報が出てもたいした津波が来ないという"狼少年効果"を数多く経験した人は逃げなかったのである．津波はまた必ず来る．どうすれば"狼少年効果"で逃げない人をなくすこ

とができるかを考えなければならない．このように，どうすれば人的被害を最小限にすることができるかという"減災"の考え方を取り入れることが必須である．

（5） 言い伝え

津波に関する言い伝えはいろいろある．また，大津波記念碑も各地に建立されている．しかし，これだけでは不十分である．というのは，それぞれの教えが皆の深層心理にまで入り込んでいないからである．

姉吉のように"ここより下に家を建てるな"という石碑に書かれた言い伝えを愚直に守り，今回の津波で1人の死者も出さなかった所もある．しかし，津波が来た直後はよいが，しばらくすると道路工事をするごとに石碑が移動され，最後には消えてなくなったなどという話はいくらでもある．

教訓を心の奥底に植え付けるには，たとえば歌や物語にする，子どものゲームにする，学校で訓練する，運動会のテーマにするなど，日々の生活に入り込んだ活動として繰り返し行うことが必要である．そうしなければ，教訓はいつか消えてしまう．

私は50年前に釜石に行ったときに，過去に大きな津波が来たことをたまたま石碑で知り，宿の人に尋ねた．その頃は"訓練大津波"といって年に3回訓練を行うと言っていた．1963（昭和38）年頃の話だから1933（昭和8）年の昭和三陸津波から30年経っていたのである．津波の30年後は年3回訓練もするし，言い伝えも生きていた．しかしそれからさらに50年経った今，釜石ではどんな訓練をして，何が言い伝えられているのだろうか．

田老で今から15年前に聞いたときは，年に1回"訓練大津波"をしているということであった．そしてそのときに「人助けるな」，「物持つな」，「これを守らなかった人は死ぬ」と聞いた．こんな簡単な言葉もないが，こんな重い言葉もない．1993（平成5）年に大津波で壊滅的な被害を受けた奥尻島でも同じようなことを聞いた．「人助けるな」，「物持つな」である．しかし，本当にそんなことができるのであろうか．

一方，今回の災害を受けて，「津波てんでんこ」という言葉が有名になり，三陸地方に古くから伝わる言い伝えとして紹介されている．しかし，これは津波を伝えるための活動を一生かけて行った三陸地方の津波史家の山下文雄氏の

言葉で，津波が来ることが予想されるときは，親・子・兄弟などにかまわずいち早く避難するよう促すものである．

しかし，言い伝えには誤解を招くようなもの，不十分なものも多い．「津波は引き波で始まる」などというのもその1つである．引き波はなく，いきなり押し波がくるものもあるのである．伝聞情報のようなものはあてにならないこともあることを心しておかねばならない．

（6） 帰巣本能

津波で甚大な被害を受けると，必ず住居の高所移転の話がもち上がる．明治の津波のときも，昭和の津波のときもそうだったが，今回もあちこちの被災地で高所移転が検討されているようだ．三陸は水産業で生きている．海から離れて仕事をすることはできない．高い所に住んで水産業を糧とする人だけが車で海に下りるという考えもあるが，そういう不便な生活が続けられるのだろうか．結局，明治のときも昭和のときも，一度は高所移転したものの，結局元の低い便利な土地に戻ってきてしまった．

災害が発生した直後はその記憶は鮮烈であるが，しだいにその記憶が薄れ，何をしても結局は，この三陸の町々も次に津波が襲われるときまでにまた同じように低地に舞い戻ってしまうのではないだろうか．

これを前提に今後の防災・減災の対策を立てなければならない．以下筆者の考えを提起してみたい．ハードウェアとしては，堤防は高くても6m程度とし，津波から町を完全に守るのではなく，高潮・高波・台風からは町を守れるようにする．また，高所に逃げる道をきちんと整備し，それが常に生きている状態に保つことが必要である．さらに，高所避難が難しい地域では，それに代わる避難場所が必要である．しかもこれらのことを住民全員が共通の知識として理解しておかなければならない．もちろんそのための教育，教化，訓練が要る．それを刺激するような様々な行事も必要である．信玄堤を踏み固めるために信玄は堤防でお祭りを催したという．これなど素晴らしいアイディアである．

避難場所として，高さ20m以上の鉄筋コンクリートのゴツくて重い四角い津波避難ビルを海岸に約400mごとに並べるという方法が有効である．また，津波シェルタ（次項で詳述する）を作ることも有効だと考えられる．400mと

いうのは東京などの都市部でバス停などを設置するときの暗黙知のピッチである．この程度の距離ならば歩いて行くのが負担にならないそうだ．建物には外階段を付け，屋上に500～1,000人が避難できるようにする．日照や降雨・降雪を遮ることができるように，簡単な屋根も必要である．小学校の運動会や地方自治体の様々な活動をそこで行い，避難場所を住民にしっかり印象づける．

このように，住民の"帰巣本能に逆らう"ことなく，防災・減災効果を高める方法を検討しなければならない．

（7） きのこシェルタ

津波から生き延びるということを考えたとき，津波シェルタを海岸線に沿って配置するのがよいのではないだろうか．高所避難もよいが，平坦な土地が広がっていて避難できるような高所がない場所では，近くに避難場所を作る以外ない．このようなことを考えたきっかけは2004年のスマトラ島沖地震でスマトラ島を襲った津波である．スマトラ島に来た津波は15m位の高さだろうと思うが，平らな町にがれきを含んだ奔流が流れ込み，人々が必死に逃げる様子がテレビで放映されていた．いくら逃げても平らなところに逃げるのでは意味がない．

私は2007年4月に「危険学プロジェクト」を立ち上げ，人間のまわりに潜む様々な危険について，事故の防止を最終目標として，社会・組織・人間の考え方や行動様式の解明にまで踏み込んだ調査研究を行い，現在に至っている．さらに，プロジェクトでは，その成果を様々な媒体を使って広く世の中に情報発信し，社会の共有財産とすることを目指している（図4.34）．そのテーマの一つとして津波を取り上げ，津波で最近被害を受けた場所や被災の危険がある場所などを見て歩いた．奥尻島，紀伊半島の東側，伊豆半島の西側などである．その結果，人間が逃げられる範囲に高さのあるものを作る以外はないと考え，図4.35のようなきのこ形のシェルタを考えた．シェルタは，柱の直径が3m，高さが10～15mで，その上がテラス状になっているきのこ形のもので，柱の周囲にらせん状の階段を取り付ける．階段は上りと下りの二重のらせんにする．これを海岸縁の地帯に200m間隔で並べる．三陸沿岸すべてに並べても4,000基もあれば十分だろう．建設費をざっと見積もると，1基3,000万円程度と推定されるので，総額は1,200億円である．

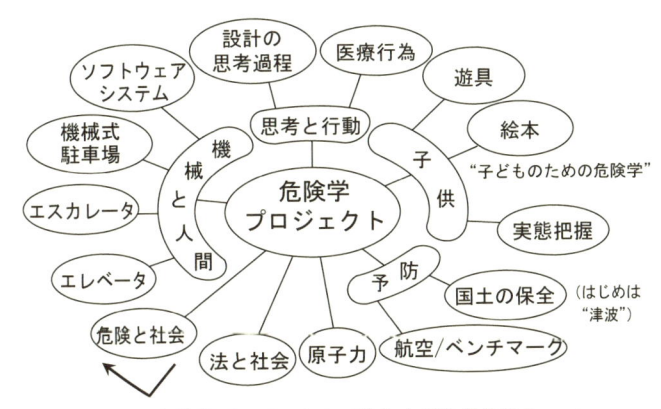

●図 4.34 危険学プロジェクトで取り上げる具体的テーマ

[避難きのこの形]
直径 φ10 m
高さ 10〜15 m
φ3 m

[建設に要する費用]
標準化して1基3000万円と仮定
100万人の収容を見込むと，
建設個数：100万人/262人≒4000基
必要建設費：3000万円×4000基＝1200億円
（大した金額ではない！）

[収容人員]
一人あたりの所要面積：
$P=0.30\,m^2/$人
エレベータ：(24人乗)$2\,m \times 1.8\,m$
→ $0.15\,m^2/$人
相撲の桟敷：(4人)$1.2\,m \times 1.2\,m$(?)
→ $0.36\,m^2/$人
天井桟敷の面積：
$A=\pi/4 D^2 = 78.5\,(m^2)$
$X=A/P=78.5/0.30=262$人

[避難きのこの配置]

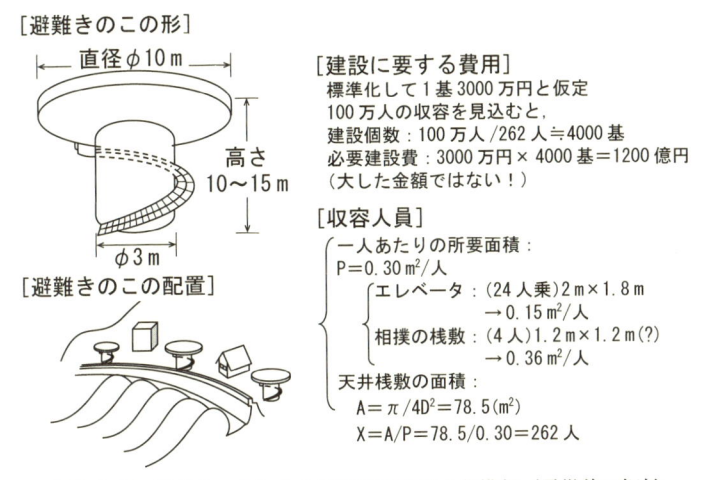

●図 4.35 避難きのこによる津波被害の最小化構想（震災前に畑村が考えていたこと）

まったくの偶然であるが，釜石の湾口防波堤の総工費は1,200億円だそうである．釜石の防波堤はそれなりに効果があると思われるが，堤防を海の中に作るという発想よりも，海岸にきのこ形シェルタを作る方が住民の命を守るという点では効果が高いのではないかと思われる．

しかし，今回の津波の威力を考えると，直径3mで高さ15mもあるような

タワーに津波で流された大きな漁船が衝突すれば折れてしまうかもしれない．また，地震の震動で垂直方向に座屈するかもれない．もしかすると曲げで折れるかもしれないし，津波の洗掘で基礎部分がやられてしまうかもしれない．このようなことを考えると，きのこ形シェルタの構造を再検討する必要があると思うようになった．頑丈な鉄筋コンクリート作りの十分な高さのある津波避難ビルの方が良いのかもしれない．

　しかし，いくらシェルタを作っても，そこに住民が避難しなければ何の意味もない．住民に"津波が予想されるときにはこのシェルタに逃げる"ということを刷り込む工夫が必要である．たとえば，毎年の運動会で校庭からシェルタのテラスまで行ってパンを食べるという"パン食い競争"をするのである．入学したときから6年生になるまで運動会ごとに全員がやれば，いやでも頭の中にシェルタが刷り込まれる．知識として知っているのではなく，体で覚える．そして実際津波が予想されるときに毎回これに上るのである．このようにハードとソフトを組み合わせることによって"減災"が可能になると考えられるが，今回の津波で実際にこのような考え方がとても有効であると改めて思うようになった．

　群馬大学の片田敏孝教授は釜石の小・中学生に津波教育をしていた．片田先生の教育とは，津波がどんなものかを映像やシミュレーション画像を用いて教育したうえで，"想定を信じるな，最善の避難行動をとれ，率先避難者であれ"と教えるのである．子ども達はそれを実行し，小学生2,000人，中学生1,000人がほぼ全員無事に避難できたのである．実際に釜石市の鵜住居まで行ってみた．鵜住居小学校と釜石東中学校が隣接して建っている．小・中学生，約570名が避難した道をバスでたどってみたが，途中まではほぼ平らな場所である．よく全員がきちんと逃げたものだと感心した．小学校から避難場所に向かって移動を始め，そこでは危ないと判断して次々と避難場所を変えていったというが，想定に引きずられずに自分達ですべてを判断しなければならないという教育の成果である．

　しかし，この事例でもっと大事なのは鵜住居小学校の裏山に避難階段をつけ，皆が逃げられる場所を作っておくことだったのではないだろうか．これは学校の教育の問題ではなく，行政の考えるべきことである．民有地などの問題

で難しい点はあるが，地域全体としての安全を高めるために協力し合うという考え方が必要である．

（8） 気になる危険

東日本大震災では津波と原子力発電所が問題になった．津波も原発も上述の「危険学プロジェクト」の13テーマのうちの1つである．これらのテーマを選ぶとき，筆者は現代の生活の中で潜在的に怖いものは何なのだろうと考えた．地震や火災も怖いが，それについては多くの人がその危険性について警告している．しかし，津波については，過去の例から非常に多くの犠牲を伴うことがわかっているにもかかわらず，その危険を警告している人はごくわずかである．

また原子力については，危険だけれども使わざるをえないものだと理解していた．どこがどんなふうに危ないのか，大きな事故になるとすればどのような経緯をたどるのか，それを乗り越えて使っていくにはどうすればいいか，こういうことを考えると原子力も津波もほとんど同列の事柄のように思えていたのである．

「危険学プロジェクト」としてはこれらを取り上げ，皆で共有する活動を展開してきたつもりだが，社会全体ではまったくそういう方向には動いていなかった．そしてそのツケが災害という形でまわってきたのである．

私達を取り巻く世界には様々な危険が存在する．しかし，世の中ではその時々に注目されていることだけしか考えなくなっている．このことに大きな危惧を覚える．たとえば，東海，東南海，南海地震は近い時期に発生が予想されており，揺れだけでなく津波への警戒の必要性も指摘され，社会から注目されている．また，津波についてもリアス式海岸の危険性はよく指摘されるが，仙台，福島，茨城などの平野の広がる地域を襲う津波の危険性はほとんど取り上げられてこなかった．かくいう筆者も，昨年（2010年）までは東北沿岸の津波といえば三陸のリアス式海岸地帯のことしか考えていなかった．ところが2010年10月の新聞に"仙台以南の太平洋沿岸に津波が来て，海水は海岸から4km程度の内陸にまで到達した"という研究報告があることが掲載されていた．約1,100年前の貞観地震（869年）である．そして400年前の慶長津波（1611年），約300年前の宝永地震（1707年）もある．今回の災害はその矢先

のことである．気がついてはいたのに，まだ何もしないうちに，災害に先を越されてしまったという感じがする．

「山勘」という言葉がある．山勘にはやはり理由がある．どこがどのように危ないかをはっきり言うことはできないが，何となく危ないと感じるとき，その"何となく"を分析し，潜在的な危険を明らかにしなければ，真の防災，減災は実現できないのではないかと思われる．

（9）逆回しフィルム

ものごとを理解しようとするときに"時間軸を逆にたどる"と多くのことがわかる．今眼前にある事象を時間断面の静止画だとすると，その静止画が時間軸に沿って与条件の下でどのように変化するかを思い描く，これは"順"方向の考え方である．

一方，"時間軸を逆にたどる"とは，今眼前にある事象を時間断面の静止画から，それに至る前に何があったかを時間を遡って思い描くことである．「逆演算」ということもできる（図4.36）．逆演算をした後，さらに順方向にフィルムを回してみると事象の進行が恐ろしいほどリアルに見える．

2008年6月に岩手宮城内陸地震が起こったが，翌年の秋にヘリコプタから被害状況を視察する機会を得た．土石流が曲折した谷に沿って流れ下った跡があったが，よく見ると曲折部ごとにその外側の斜面の上の方まで木がなぎ倒さ

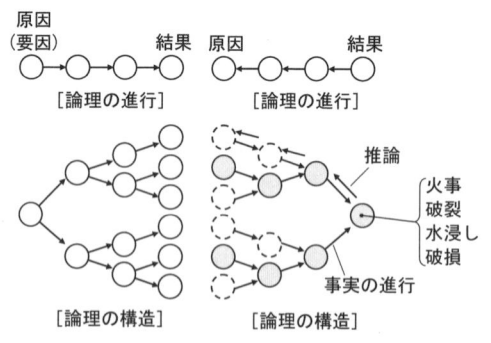

●図4.36 失敗原因の究明と失敗防止に不可欠な逆演算
うまくいく方法とまずくいく方法を同時に考え，計画を強くしなければならない．

れており，土石流が斜面を駆け上がったことが見て取れた（図 4.37）．しかし，流れのまっすぐなところでは木が下の方まで残っており，流れの幅が狭くなっている．要するに土石流は高いところから低い方に向かって動き，流れ下るうちに位置エネルギーが運動エネルギーに変化するが，谷の曲折部では運動エネルギーが位置エネルギーに変換され，斜面を 40~50 m，場合によっては 80 m くらいの高さまで駆け上っていたのである．これを運動エネルギーに換算すると約 120 km/h になり，土石流はこのような高速で流れ下ったようである．

今回の津波でもまったく同じことがいえる．倒れた防潮堤を見て水がどのようにぶつかったのかを考えなければならない．防潮堤ではないが，水がぶつかった痕跡が残っていたのが大槌町の避難場所の高台のコンクリート斜面である（図 4.38）．崖下の地面からの高さ 15 m ほどの所に，コンクリートの擁壁に津波に運ばれたがれきで擦られた跡が見える．これは防潮堤を越えた津波にもまだ勢いがあり，がれきがコンクリートに強くぶつかったことを示している．

事が起こってしまった後ではただの静止画としか見えず，普通はこのような動的な状況は記述されない．時間軸を逆にたどり，力学の知識を当てはめることによって，そこで起こった事象をきちんと学ぶことができるのである．

●図 4.37 空から見た駒の湯を襲った土石流の経路
　　　　（2009.10.1 畑村撮影）
　　　土石流がボブスレーのように曲り部で対岸に乗り上げながら曲がっているのがわかる．

●図 4.38　漂流物に擦られた大槌稲荷神社の斜面
　　　　　（2011.5.7 畑村撮影）

4.2.2 ── 原子力発電

　今回の東日本大震災では，東京電力福島第1原子力発電所が甚大な被害をこうむった．現在も事故は継続しており，3現を実践することができないため，ここでは報道等で知り得たことから考えたことを以下に述べることをお許しいただきたい．

（1）想　定

　今回の原発の事故について，関係者の当初の説明では"想定外"という言葉が多用された．

　人間は何かを考えようとするとき，考える範囲を決めなければ考えることができない（図4.39）．範囲を決めるということは，考える領域と考えない領域とを区別するための境界を設定するということである．境界は考えることが求められている内容と想定される制約に応じて設定される．いったん境界が確定されると，多くの場合この境界の内側のことしか考えなくなる．境界が確定されてから時間が経てば経つほど，外側のことは誰も考えなくなる．また，境界がどのように設定され，境界がどのような意味をもつのかということを考えなくなる．自分達が想定しなかったことの意味を考えろと言われても，考えられ

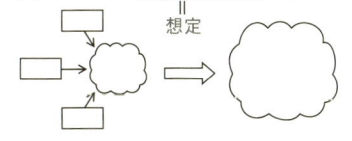

●図 4.39 想定とは何か

ないのである．"想定外"という言葉はこのような状況で発せられるものなのである．

　福島第1原発のように，計画が持ち上がり，運用が始まって40年（1971年に1号機営業運転開始）も経つと，どのようなことが想定され，どのようなことが想定されなかったのか，境界がどのように定められ，運用されていったのか，ということについては誰も注意を払わなくなる．そして，事故が起こるのである．

　時が経って，状況が変化したり，新たな事柄が判明したりして，想定を見直す必要が生じたときに，境界自体を見直すことこそが今回のように非常に重大な災害を予防する唯一の方法なのではないか．

　今回の事故の意味合いを"既知"と"未知"とに着目して考えてみる．想定外の事象が起こったときにそこから学ぶべきものをきちんと学び取れば未知のことがらが既知のことがらになり，既知の領域が広がることになる（図4.40）．図4.40において，左側は既知の範囲で，考えることができる想定領域である．一方，右側は未知の範囲で，考えることができない非想定領域である．既知の範囲と未知の範囲を区別する境界がジグザグになっているのは，ある着目点については既知の領域が広いが，ある着目点については未知の領域が広く，他の着目点に比べて知識や経験が少ないことを表している．

　図4.40に今回の原発事故を当てはめて考えると，原子力と地震との関係に

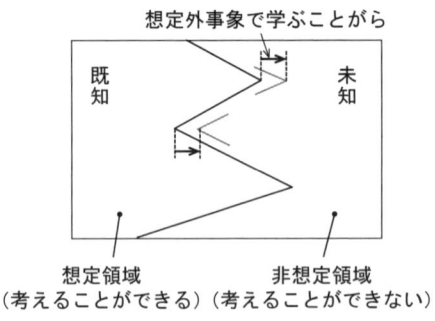

●図 4.40 未知の世界と既知の世界
想定外事象が起こると未知と既知の境界が変わる．

はかなりの知識や経験が集積していたのに対し，津波については知識も経験も非常に少なかったことを示している．想定外の"津波"による被害から学ぶべきものをきちんと学び取れば，境界が右に移動し既知の世界が広がると考えられる．今回の津波はまさにこの既知の世界を広げる引き金にしなければならないことがらなのである．

（2） 失敗の経験

図 4.40 に示した既知と未知との境界を示す線が十分な経験を積んで，その境界が定着するようになるには，どのような分野であっても約 200 年の時間を要すると筆者は考えている．そのことを示したものが図 4.41 である．たとえば，ボイラは産業革命以降，動力源として最も長く使われてきた機器の 1 つである．現在に至るまでに事故も数多く起こし，ボイラの爆発で亡くなった人は恐らく 1 万人を超えているだろう．ボイラの安全率は 1942 年に ASME（アメリカ機械学会）で"5"から"4"に引き下げられた．事故が起こるたびに技術が見直され，より安全になったと考えられたからである．産業革命によってボイラが出現してからこのときまでに約 200 年が必要だったのである．このような考えはまだ十分に検証されていないが，このような見方をすると，鉄道もこのカーブに乗っているように思われる．自動車も然り，飛行機もそうである．

失敗経験の蓄積に法則性があるということは非科学的な考え方のように見えるかもしれない．しかし，このような分野を超えた普遍的・一般的な知識を確

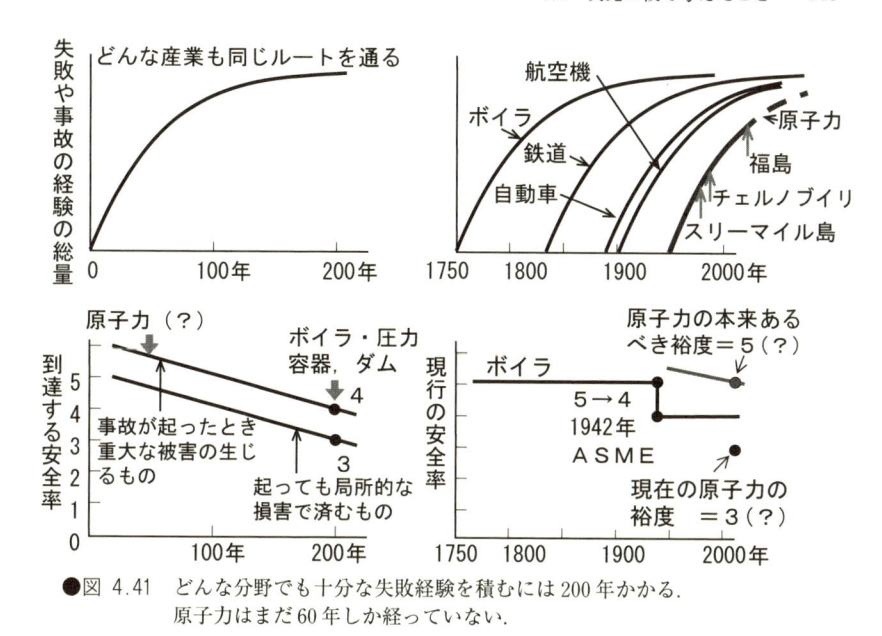

●図 4.41　どんな分野でも十分な失敗経験を積むには 200 年かかる．原子力はまだ 60 年しか経っていない．

立し，共有することこそがこれから起こる事故を考えるために最も重要であると考えられる．

　原子力にこの考えを適用すると，原子力は実用化されてからまだ 60 年足らずで，今から 140 年経たなければ十分な失敗経験を積んだことにはならないことになる．

　原子力が実用化されてから起こった大事故は次の 3 つである．

　　1979 年　スリーマイル島事故
　　1986 年　チェルノブイリ事故
　　2011 年　福島第 1 原発事故

　これを図 4.41 左上の時間と失敗経験の総量の飽和曲線に当てはめてみると図 4.42 のようになる．スリーマイル島事故でヒューマンエラーを学び，次のチェルノブイリ事故で本質危険である発散系システムの危なさを学んだ．今回の福島第 1 原発事故で地震や津波などの自然災害の取り込み方の不十分さを学んでいる．この法則が正しいとすれば，実用化されて 60 年しか経っていない原子力分野は，まだ様々な失敗を経験しなければならないことになる．今後発

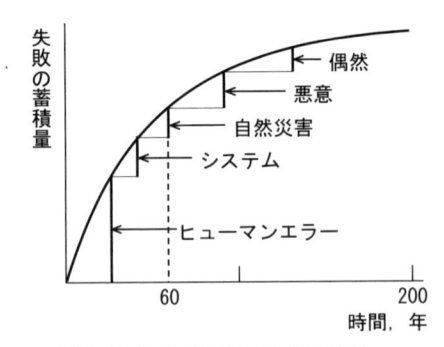

●図 4.42 失敗経験と時間の関係
1つの分野が十分な失敗経験を積むには200年かかる.

生が懸念される大事故としては，たとえばテロなど人間の悪意による事故，偶然2つ以上の要因が重なって起こる事故（たとえば，たまたま上空で航空機が衝突して2機が原子炉に突っ込む事故）などが考えられる．

原子炉のようにきわめてエネルギー密度が高く，事故が起こったときの影響が甚大なものでは，通常の技術的な取扱いでは不十分なことが当然考えられる．だからこそ，既に技術が確立している他の産業分野の失敗経験の蓄積に学ぶことが重要なのである．

（3） 周辺事故

人間は大事だと思うところには注意を集中する．それほど大事だと思わないことには程々にしか注意を払わない．原子力発電ではこれが顕著に現れているように思われる．

東京電力柏崎刈羽原子力発電所が2007年の中越沖地震で受けた被害の状況を視察したが，原子炉圧力容器や格納容器などの重要度が高い施設として分類されているところは裕度を高く設定してあるため，損傷を免れていた．しかし，発電して電気を供給するという原子力発電所の本来の機能に関与しているにもかかわらず，同じ原子力発電所内でも重要度が低いと判断された周辺施設は，通常の建物と同等の基準が適用されており，あちらこちらが損傷を受けていた．このようなシステム構成をすれば，大事なところには注力するが，周辺は疎かになるために，周辺部分が起点になって事故が起こる．筆者はこのよう

な事故を"周辺事故"と名付け，まさにこの周辺事故こそが今後注目しなければならない事故のシナリオだと考えている（図4.43）．

原子力発電所の安全は放射性物質の漏えいを防ぐ5重の壁で確保することができると考えられてきた．しかし，福島第1発電所事故ではこの5重の壁も"周辺事故"が起点になり，結局破られてしまったと言えるのではないだろうか（図4.44）．

ここで言えるのは，大きなシステムの重大な欠陥は大事に思っているところから起こるのではなく，重要視されていない周辺が元になって起こるということである．

それではこのようなシナリオで起こる事故を防ぐにはどうすればよいのだろうか．

そのためには個々のトラブルから上位概念にあたる知識を吸い上げ，その知識に属する現象を徹底的に考えつくすことで，まだ起こっていないトラブルを予見することができるのである．東京電力では，柏崎刈羽原発が受けた被害に学び，この周辺事故という視点で原子力発電所の設計や管理・運営を見直す必要があったと考えられる．そうすれば，福島第1原発が津波で大きな被害を受けることは十分考え付いたのではないだろうか．今回の地震や津波は周辺事故という考えの必要性について多くを示唆していると考えられる．

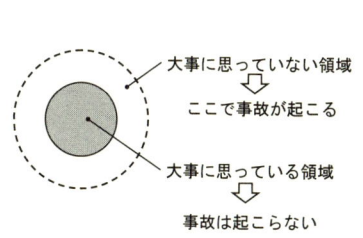

●図4.43 周辺で起こる事故（"周辺事故"[*]）
（*）柳田邦男は"辺縁事故"と呼ぶ．

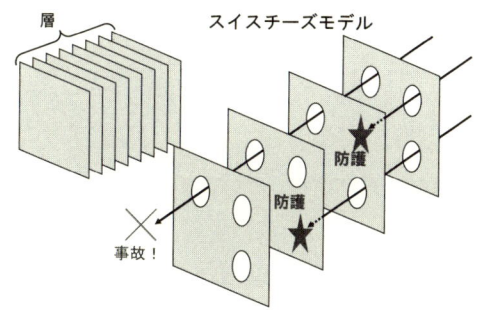

●図4.44 多重防護の考え
あらかじめ想定されたことには防護が働くが考え落しがあると事故になる．

（4） 技術の系譜

現在ある技術をどんなに詳しく観察・分析しても，その来歴まではわからない．

2004年に起こった六本木の回転ドア事故を調査したとき，ドアが重いために非常停止装置が働いてもすぐには止まらないためにはさまれた人に致命傷を負わせてしまうことなどがわかり，あのような重いドアが採用された経緯を調査した．危険なものを作ろうとして作る人はいない．いい物を作ろうと努力した結果，潜在的な危険を内包したものになっているということに気づかないまま，供用されていたことがわかった．回転ドアの起源はヨーロッパにある．ヨーロッパには回転ドアは軽くなければ危険だという知見があったが，日本に技術が導入されたときには日本固有の事情から"立派でゴツイ"ものが要求された．立派でゴツイことの潜在的な危険に誰も気づかないまま，製造され供用されて事故に至ったのである（図4.45）．

ある技術がどのような経過で現在の形になったのか，それぞれの形が決まっていくときにどのようなことが想定され，どのような経験が取り込まれたか，などをきちんと知らなければ，その技術全体をきちんと理解することはできない．

原子力発電の技術にも同じことが言える．福島第1原発でも，アメリカで作られた技術を日本に導入するときに，日本の環境に合わせるよう努力したに違

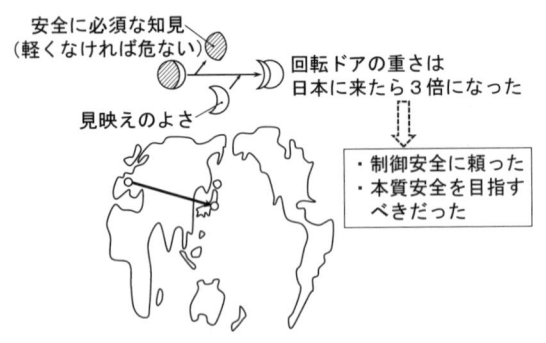

●図 4.45　技術の系譜
日本に伝わるときに大事なことが忘れられ，余計なものが加わった．

いない．何と何が大事で，何が不要だと考えたのか，それが技術の進展（発展とは限らない）と共にどう変わっていったのかを正しく把握しなければ，技術の全体像は理解できない．

たとえば，福島第1原発では使用済み燃料が建屋の高い位置にあるプールに保管されていたが，なぜあれほど高い位置にプールが設置されているのか，私は疑問に思った．プールが元々保管用に作られたのか，それとも本来の目的とは違った用途に使用されていたのか，というようなことを考える必要がある．これについても，原子力発電という技術が現在の形になるまでに，どのような来歴をたどったのかを調査することによって，明らかになるのではないだろうか．

"目的外使用によって事故が起こる"という失敗知識がある．はじめに想定した使われ方と実際の使われ方との乖離が次の事故の要因となる，というものである．福島原発の場合，それがどのようなきっかけで顕在化するかを考えたときに，"津波"を考ええたのかもしれない．

4.3　災害と人間

（1）　人間の特性
人の特性として，何かを"想定する"ときには必ず次のような心理が働く．
- 見たくないものは見えない．（見たいものが見える）
- 聞きたくないことは聞こえない．（聞きたいことが聞こえる）
- 考えたくないことは考えない．（考えたいことだけを考える）
- あっては困ることはないことになる．
- 発生頻度が低いことは起こらないことになる．

このような心理が働いた結果として，想定が甘くなるのである．

では，想定が甘かったり，想定が不十分だったりすると何が起こるのだろうか．
- その事象が起こることを考えないから，その事象が起こった後のことを考えることもできない．

- 起こらないはずのことが突如起こったときに，うろたえて考えることができなくなる．
- 事故の進展に合わせて的確な判断ができない．

もともと想定していないことが起これば，起こった事象自体を理解することができない．事象の要素を摘出し，構造化して，全体像を把握しなければならないが，あらかじめそのようなことを考える準備ができていないため，事象の進行ごとに懸命に頭の中に構築しようとするのである．しかし，それでは事象の推移に間に合わない．結局考えないのと同じで，事象を正しく捉えることができないまま，その場その場の対応に追われ，事態が推移していくことになる．

人間が上述したような特性をもつことを知れば，何かを"想定する"ときには，次のようなことをあえて意識しなければならないことがわかる．

- ありうることは起こる（図4.46）．

発生頻度が高いが結果は軽微なことがらがある一方，発生頻度は低いがひとたび起これば致命的な事態に至るようなことがらがある．人間は頻繁に起こっていることには注意を向けるが，めったに起こらないことには注意を払わなくなる．起こっている事象に真面目に対応しているうちに，発生頻度が高い軽微なことばかりに関心が集中し，発生頻度が低い致命的なものには注

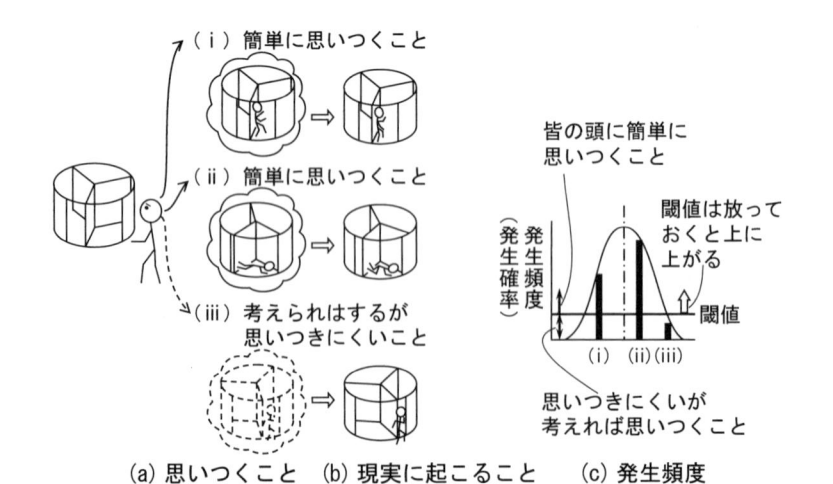

(a) 思いつくこと　(b) 現実に起こること　(c) 発生頻度

●図4.46　ありうることは起こる

●図 4.47 見たくないものは見えない
視点を変えれば危険が見える.

●図 4.48 起こった後のことは考えない
想定の難しさ,想像力だけが起こった後のことを教えてくれる.

意を払わなくなる."ありうることは起こる"と考え,過去に起こった事象を知ること以外にこの発生頻度が低いが致命的なものを見つけるすべはない.

● 視点を変えれば危険が見える（図 4.47）.

自分の過去の成功体験を強く意識している人は,すべてを楽観的に見て,自分にとって不利益なことは見なくなる傾向がある.これでは潜在的な危険を見落としかねない.一方,潜在的な危険が何かあるのではないかと探そうとする人は,物事の背後にある危険を見抜くことができる.危ないことがないかどうかを知ろうとする人だけが,これを見出すことができるのである.

● 起こった後のことを考える（図 4.48）.

想定されている事柄については,起こってしまったときの対処法などもあらかじめ考えられているが,元々起こることが想定されていないことがらについて,起こった後のことがあらかじめ考えられているわけはなく,起こってから考え始めることになる.事の推移が速い場合,すべてが後手後手になり,適切な対応はできないのである.

（2） 失敗の記憶

人間には"忘れる"という特性がある.いやなことを"忘れる"からこそ人は前向きに生き続けることができるのである.

図 4.49 は人間の記憶と時間の関係を表したものである.3 日,3 月,3 年と

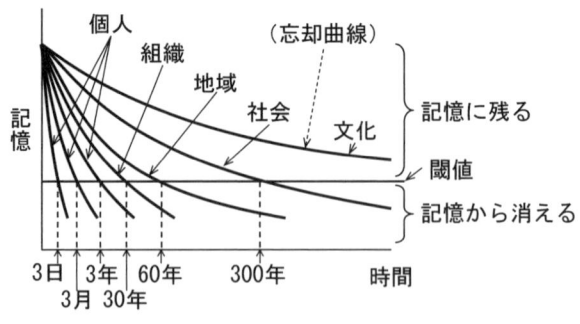

●図 4.49 人間の記憶と時間の関係

いうのは"飽きる","冷める","忘れる"といった一人一人の人間の特性に関係するものである．30年経つと組織内では世代が交代し，その記憶や文化が"途絶える","崩れる"のである．また，60年経つと地域では世代が交代し，その記憶が失われる．さらに300年も経つと記憶が社会から消えてしまい，誰もそのことを考えなくなる．最後に1,200年という数字がある．1,200年経つと起こったことさえ誰も知らないこととなり，文化から消えるのである．文書から消えてしまったり，文書そのものが失われてしまったりすることもある．地層のようなものに事実として刻まれて残っていれば幸運である．

　失敗・事故・災害の発生する周期性もやはりこの記憶と深く関わっていると考えられる（図4.50）．時間の経過とともに失敗・事故・災害が人々の記憶の

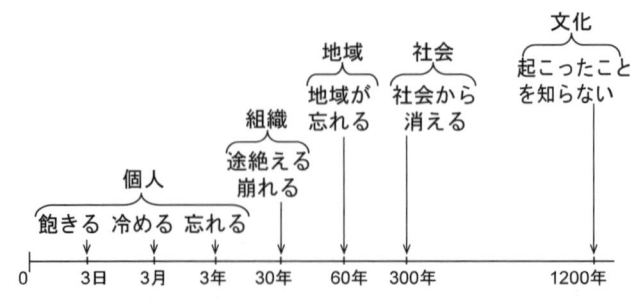

災害の記憶の減衰・消滅～3日,3月,3年,30年,60年,300年,1200年～
大災害は頻度が低く，発生の間隔が長いため，災害の記憶が社会から消える．

●図 4.50 失敗の記憶消滅には法則性がある

中で占める割合が変化していくためである．失敗・事故・災害があった直後は2度と起こさないようにしようと考えるため，皆が十分注意深く，かつ慎重になるのである．このような努力の結果，失敗・事故・災害が起こらずに時間が経過する．しかし，何も起こらないまま時間が経過すると，しだいに注意深さや慎重さが失われ，無関心になったり傲慢な気持ちが芽生えたりして失敗の確率が増える．失敗・事故・災害といったものが規則性をもって繰り返すのは，人間のこのような特性と関連しているのである．

寺田寅彦の随筆「津波と人間」に次のような一節がある．「こういう災害を防ぐには，人間の寿命を十倍か百倍に延ばすか，ただしは地震津浪の週期を十分の一か百分の一に縮めるかすればよい．そうすれば災害はもはや災害でなく五風十雨の亜類となってしまうであろう．しかしそれができない相談であるとすれば，残る唯一の方法は人間がもう少し過去の記録を忘れないように努力するより外はないであろう．」自然災害の発生頻度が現在の10倍だったら，さも

貞観津波（日本三代実録による）
869年7月9日（貞観11年，平安時代）
規模：M 8.6？
溺死者1000名以上

慶長津波
1611年12月2日（慶長16年）
規模：M 8.1？
溺死者3000名以上

明治三陸津波
1896年6月15日19：32発生，津波第1波襲来：20：02
震源：釜石市東方沖約200 km
規模：M 8.5，最大震度：2〜3
津波最大波高：綾里（現大船渡市）38.2 m
被害：死者21,915人，行方不明44名，負傷者4,398名
家屋全壊1,844戸，流出家屋9,878戸

昭和三陸津波
1933年3月3日2：30発生，津波第1波襲来：3：00頃
震源：釜石市東方沖約200 km
規模：M 8.1，最大震度：5
津波最大波高：綾里（現大船渡市）28.7 m
被害：死者1,522名，行方不明1,542名，負傷者12,053名
家屋全壊7,009戸，流出4,885戸

●図 4.51　過去に三陸地方を襲った主な津波

なければ人間の寿命が10倍だったら，一人の人間や一つの社会が遭遇する事故や災害は10倍の頻度になり，一生のうちに何回かその災害に遭遇することになる．こうなれば，その災害を知らない，または忘れてしまう人間はいない．災害の発生頻度と人間の寿命がミスマッチとなり，事故や災害を忘れさせるというのはとても面白く，正しい見方だと思われる．

　過去に福島県を襲った津波といえば，西暦869年に起こった「貞観地震」がある．貞観津波は福島第1原発を襲った津波とほぼ同規模の津波であることがわかっている（図4.51）．また，1611年には「慶長津波」が発生し，仙台や福島県などが被害にあっている．これらを見ると，1,200年，600年という数字が無意味なものではないことがわかる．明治三陸大津波は1896（明治29）年に，昭和三陸津波は1933（昭和8）年に起こった．東日本大震災は2011年に起こった．たった120年の間に3回も大きな津波が三陸地方を襲ったことになる．それでも今回の震災でこれだけの被害が出た．今後防災・減災を考える上で，上述した"忘れる"という人間の特性や，人間の記憶の持続期間や寿命のサイクルと自然災害のサイクルとのミスマッチが防災を難しくしていることはよくよく意識しなければならない．

■参考文献
1) 山下文男（1995）：写真と絵で見る―明治三陸大津波（展示会「写真と絵で見る明治三陸大津波」資料）．
2) 河田惠昭（2010）：津波災害，岩波書店．
3) 畑村洋太郎編著（2006）：実際の設計〈第6巻〉技術を伝える，p.265，日刊工業新聞社．

●主な地震(津波)一覧●

（Mはマグニチュード．地震名称の太字はM9.0以上の地震．
該当頁の太字は詳述箇所．）

発生年月日	名　称	M	死者・不明者	該当頁
869. 7. 9	貞観地震(津波)	8.3〜8.6	約1,000名	**75**〜77, 80, 82, 90, 91, 115, 177, 191, 192
1498. 9.20	明応東海地震	8.3	約40,000名	38
1605. 2. 3	慶長地震	7.9	約5000名	37
1611.12. 2	慶長三陸地震(津波)	8.1	約3000名	115, 177, 191, 192
1707.10.28	宝永地震	8.6	20,000名以上	37, 39, 177
1793. 2.17	宮城沖地震	8.0〜8.4	約100名	82
1854.12.23	安政東南海地震	8.4	2,000〜3,000名	37
1854.12.24	安政南海地震	8.4	数千名	37
1896(明29). 6.15	明治三陸地震(津波)	8.2〜8.5	21,959名	72, 74, 76, 80, 82, 90, 102, **116**, 123〜125, 136, 150, 191, 192
1923(大12). 9. 1	関東地震(関東大震災)	7.9	約105,000名	7
1933(昭8). 3. 3	昭和三陸地震(津波)	8.1	3,064名	71, **72**, 74, 76, 82, 103, **116**, 117, 119, 122, 124〜126, 136, 151, 154, 172, 191, 192
1944(昭19).12. 7	東南海地震	7.9	1,223名	37
1946(昭21).12.21	南海地震	8.0	1,432名	37
1948(昭23). 6.28	福井地震	7.1	3,769名	
1952(昭27). 3. 4	十勝沖地震	8.2	33名	88
1952(昭27).11. 4	**カムチャツカ地震**	9.0	0名	35
1960(昭35). 5.22	**チリ地震(津波)**	9.5	(国内)142名	35, 71, **74**, 85, 88, **117**, **118**, 125
1964(昭39). 3.28	**アラスカ地震**	9.2	131名	35
1983(昭58). 5.26	日本海中部地震	7.7	104名	65, **109**, 114
1993(平5). 7.12	北海道南西沖地震(津波)	7.8	230名	65, 109, **110**, 122
1994(平6).10. 4	北海道東方沖地震	8.2	10名	19

主な地震(津波)一覧

発生年月日	名称	M	死者・不明者	該当頁
1995(平 7). 1.17	兵庫県南部地震(阪神・淡路大震災)	7.3	6,437 名	7, 9, **32**, 33, 39, 48, 50, 51, 100, 105～107
2003(平 15). 9.26	十勝沖地震	8.0	2 名	19
2004(平 16).10.23	新潟県中越地震	6.8	68 名	100, 122
2004(平 16).12.26	**スマトラ-アンダマン地震**(インド洋大津波)	9.1	(死者)約 230,000 名	35, 51, 78, **83**, 85, 90, 139, 174
2005(平 17). 8.16	宮城県沖地震	7.2	0 名	24, 71
2007(平 19). 7.16	新潟県中越沖地震	6.8	15 名	149, 165, 184
2008(平 20). 6.14	岩手・宮城内陸地震	7.2	23 名	178
2008(平 20). 5.12	四川地震	7.9	約 90,000 名	98
2011(平 23). 3.11	**東北地方太平洋沖地震**(東日本大震災)	9.0	(死者)15,829* 名 (不明者) 3,724* 名	本書全編
―	想定東海地震,南海地震,東南海地震		―	38, 39, 43, 47, 177

* 2011 年 10 月 28 日現在.

■事項索引

欧文

BPT 分布　49
GPS　40, 50
GPS 観測　23
GPS 波浪計　68, 78, 79, 82, 135
GR 則　14
Hi-net　39
K-NET 強震計　99, 106
NOAA　68
P 波　41, 96
S 波　41, 96

ア　行

アスペリティ　22
アスペリティモデル　51, 52

糸魚川-静岡構造線断層帯　34

液状化現象　98, 109
延焼火炎　112

応答速度スペクトル　106
大津波警報　43, 65
大森-宇津公式　17, 20
大森房吉　17
奥尻島　65
牡鹿半島　23, 60
押し波　43, 109

カ　行

海溝型地震　48
改正メルカリ震度階級　7
海底地震観測　16
海底水圧計　77, 79, 82
海底地殻変動　50, 60, 63
海底地形　62
確率過程　49
荷重変化率　17
霞堤　171
加速度　106
活断層　32, 34, 48, 51
干潮時　69

逆断層　4
逆断層型地震　10, 71
緊急地震速報　41, 42, 94, 96
緊急地震速報システム　66

訓練大津波　172

原子力発電所　91, 98, 101, 166, 177, 180
減災効果　135
検潮計　43
検潮所　65, 67, 79
原発事故　98, 134, 181
高感度地震観測網(Hi-net)　39
格子の大きさ　64
高所(地)移転　71, 82, 90, 119, 121〜125,

事項索引　197

127, 140, 141, 151, 173
高所避難　173
剛性率　5
古地震(学的)調査　84, 87, 90
牛伏寺断層　34
固有周期(湾の)　62

サ　行

災害対策基本法　97
最大震度　7
サンアンドレアス断層　34

地震アスペリティ　22
地震観測点　40
地震観測網　65
地震規模　48
地震計　7, 40, 41
地震検知　41
地震災害　43
地震情報　42
地震調査委員会　69, 77
地震調査研究推進本部　48, 49
地震動　6
地震波　12, 60
地震ハザード　8
地震発生確率　38, 48, 50, 71, 81
地震発生間隔　49, 90
地震発生モデル　49
地震モーメント　5, 32
地震予知　43, 47, 48
沈み込み角度　36
沈み込み帯　35, 51, 60, 83
実体波　6
自由振動　35
収束運動　23
収束速度　22, 33, 36, 39
重力加速度　62
将棋頭　170

衝上断層　10
初期水位　63
震央　18
震源　10, 40, 41, 64, 109, 116
震源断層　3, 6, 12, 23, 24, 30, 32, 42, 48
震源断層モデル　25
信玄堤　170, 173
浸水距離　76
浸水深　69
浸水高(さ)　69, 102
深水波　61
震度　41, 64, 109
震度階級　7
震度分布　9
深部低周波微動　46

水圧計　68
水位計　65, 69
水門　136, 137, 154, 159
数値シミュレーション　64
すべり　24, 81
　——の型　30
　——の最大値　12
　——の仕組み　52
　——の方向　29
　——の向き　10
すべり面　4
すべり量　25, 32, 36, 72, 81, 87
すべり量分布　79
ずれ　22
　——の大きさ　9
　——の破壊　4
スンダ海溝　83

静止摩擦力　4
正断層　4
正断層型地震　18, 19, 31, 71
石碑　154, 156, 177

セグメント　51
前震　8, 12
浅水波　61
剪断応力　3
剪断破壊　3
前兆現象　48
前兆すべり　44, 47

想定浸水域　82
速度-状態依存摩擦構成則　17
遡上限界　156
遡上高(さ)　69, 102, 103, 116, 167

タ 行

大規模地震対策特別措置法　43
太平洋プレート　10, 14, 17, 19, 21, 27, 29, 50, 60, 72
単位すべり量　79
短期的ゆっくりすべり　46
断層　14
　——の大きさ　61, 118
　——の長さ　81
断層運動　60, 65
断層すべり　26
断層パラメータ　65
断層面　3, 35, 79
断層モデル　77, 87

地殻変動　24, 35, 103
中央防災会議　47, 82, 88
超過確率　36, 39
長期的ゆっくりすべり　46
長期評価　48
長期予測　47

津波石　164
津波教育　129
津波計　43, 77

津波警報　43, 63〜65, 79, 82, 109, 111, 138
津波警報システム　65, 109
津波シェルタ　174
津波地震　23, 26, 71, 72
津波シミュレーション　63, 87, 88, 138
津波情報　139
津波浸水域　76, 88
津波堆積物　51, 75, 82, 85, 90, 115
津波注意報　64, 65, 154
津波てんでんこ　172
津波到達時刻　65
津波避難　127
津波避難ビル　176

低角逆断層　30, 60
低角逆断層型地震　18
低周波地震　26, 46
定常観測網　40
低体温症　141
泥炭層　75, 88
溺死　119
鉄筋コンクリート造建物　119
伝播速度　61

東京電力柏崎刈羽原子力発電所　149, 165, 184
東京電力福島第1原子力発電所　100, 149, 165, 170, 180, 185, 186, 192
動摩擦力　4

ナ 行

南海トラフ　33, 37, 39

日本海溝　10, 14, 21, 60, 72, 79
日本三代実録　74

野島断層　32, 33

事項索引　199

ハ行

破壊開始点　12
破壊継続時間　11
破壊消防　114
波源域　84
波高　69
ハザードマップ　58, 63, 66, 77, 82, 89, 136, 137
波浪観測　68

引き波　60, 109, 173
非地震性すべり　50
微小地震観測網　40
ひずみエネルギー　36
ひずみ計　43, 46
ひずみ速度　23
ひずみ蓄積　22
避難訓練　90, 132, 134
避難計画　130
避難経路　169
避難行動　107, 108, 119
避難3原則　131
避難指示　111
避難所生活　141
避難場所　133, 176
表面波　6, 61

不安定すべり　44
ファンデフカプレート　85
フィリピン海プレート　33, 34, 37, 39, 44
復旧・復興支援活動　98
プレート　21, 22, 33
プレート運動　52
プレート間地震　60, 76, 81, 83
プレート境界　23, 24, 27, 33, 34, 38, 44, 46, 52
プレート境界巨大地震　51
プレート境界地震　10
プレート境界面　4
分散　61

平均変位速度　33

ポアソン過程　49
防災教育　130
防災対策　134
防災マニュアル　133
防災無線　134
放射性炭素年代測定　86
防潮堤　74, 117, 119, 123〜125, 129, 134〜136, 151, 153, 154, 159, 163, 164, 168, 177, 179
防潮扉　169
防潮林　124
防波堤　134, 135
北米プレート　34, 85
本震　8, 12, 17, 18, 45

マ行

マグニチュード　6, 32, 64, 65, 97, 106, 115, 138
満潮時　69

右横ずれ断層　32

無感地震　40

モーメントマグニチュード　6, 11, 32, 138

ヤ行

有感地震　20, 40
誘発地震　30
猶予時間　103
ゆっくりすべり　45
ユーラシアプレート　44

200　事項索引

余効(的)すべり　26, 29, 30, 31, 40
余効的地殻変動　53
余効変動　29
横ずれ断層　4
横ずれ断層型地震　31
余震　8, 16〜18, 20
余震域　12, 31, 40
余震活動　26

余震分布　18

ラ　行

ライフライン　100

リアス式海岸　29, 63, 177
隆起説　29

巨大地震・巨大津波
―東日本大震災の検証―

2011年11月20日　初版第1刷

著　者	平　田　　　　直
発行者	佐　竹　健　治
	目　黒　公　郎
	畑　村　洋太郎
発行者	朝　倉　邦　造
発行所	株式会社 朝　倉　書　店

　　　　　東京都新宿区新小川町 6-29
　　　　　郵便番号　162-8707
　　　　　電　話　03(3260)0141
　　　　　FAX　03(3260)0180
　　　　　http://www.asakura.co.jp

〈検印省略〉

Ⓒ 2011〈無断複写・転載を禁ず〉　　中央印刷・渡辺製本

ISBN 978-4-254-10252-9　C 3040　　Printed in Japan

前東大 茂木清夫著 **地 震 の は な し** 10181-2　C3040　　　　A5判 160頁　本体2900円	地震予知連会長としての豊富な体験から最新の地震までを明快に解説。〔内容〕三宅島の噴火と巨大群発地震／西日本の大地震の続発（兵庫，鳥取，芸予）／地震予知の可能性／東海地震問題／首都圏の地震／世界の地震（トルコ，台湾，インド）
前東大 岡田恒男・前京大 土岐憲三編 **地 震 防 災 の は な し** ―都市直下地震に備える― 16047-5　C3044　　　　A5判 192頁　本体2900円	阪神淡路・新潟中越などを経て都市直下型地震は国民的関心事でもある。本書はそれらへの対策・対応を専門家が数式を一切使わず正確に伝える。〔内容〕地震が来る／どんな建物が地震に対して安全か／街と暮らしを守るために／防災の最前線
東京海洋大 刑部真弘著 **エ ネ ル ギ ー の は な し** ―熱力学からスマートグリッドまで― 20146-8　C3050　　　　A5判 132頁　本体2400円	日常の素朴な疑問に答えながら，エネルギーの基礎から新技術までやさしく解説。陸電，電気自動車，スマートメーターといった最新の話題も豊富に収録。〔内容〕簡単な熱力学／燃料の種類／ヒートポンプ／自然エネルギー／スマートグリッド
東工大 山中浩明編 シリーズ〈都市地震工学〉2 **地震・津波ハザードの評価** 26522-4　C3351　　　　B5判 144頁　本体3200円	地震災害として顕著な地盤の液状化と津波を中心に解説。〔内容〕地震の液状化予測と対策（形態，メカニズム，発生予測）／津波ハザード（被害と対策，メカニズム，シミュレーション）／設計用ハザード評価（土木構造物の設計用入力地震動）
日大 首藤伸夫・東北大 今村文彦・東北大 越村俊一・ 東大 佐竹健治・秋田大 松冨英夫編 **津 波 の 事 典**（縮刷版） 16060-4　C3544　　　　四六判 368頁　本体5500円	世界をリードする日本の研究成果の初の集大成である『津波の事典』のポケット版。〔内容〕津波各論（世界・日本，規模・強度他）／津波の調査（地質学，文献，痕跡，観測）／津波の物理（地震学，発生メカニズム，外洋，浅海他）／津波の被害（発生要因，種類と形態）／津波予測（発生・伝播モデル，検証，数値計算法，シミュレーション他）／津波対策（総合対策，計画津波，事前対策）／津波予警報（歴史，日本・諸外国）／国際的連携／津波年表／コラム（探検家と津波他）
元東大 宇津徳治・前東大 嶋 悦三・日大 吉井敏尅・ 東大 山科健一郎編 **地 震 の 事 典**（第2版）（普及版） 16053-6　C3544　　　　A5判 676頁　本体19000円	東京大学地震研究所を中心として，地震に関するあらゆる知識を系統的に記述。神戸以降の最新のデータを含めた全面改訂。付録として16世紀以降の世界の主な地震と5世紀以降の日本の被害地震についてマグニチュード，震源，被害等も列記。〔内容〕地震の概略／地震観測と観測資料の処理／地震波と地球内部構造／変動する地球と地震分布／地震活動の性質／地震の発生機構／地震に伴う自然現象／地震による地盤振動と地震災害／地震の予知／外国の地震リスト／日本の地震リスト
防災科学研 岡田義光編 **自 然 災 害 の 事 典** 16044-4　C3544　　　　A5判 708頁　本体22000円	〔内容〕地震災害-観測体制の視点から（基礎知識・地震調査観測体制）／地震災害-地震防災の視点から／火山災害（火山と噴火・災害・観測・噴火予知と実例）／気象災害（構造と防災・地形・大気現象・構造物による防災・避難による防災）／雪氷環境防災（雪氷環境防災・雪氷災害）・土砂災害（顕著な土砂災害・地滑り分類・斜面変動の分布と地帯区分・斜面変動の発生原因と機構・地滑り構造・予測・対策）／リモートセンシングによる災害の調査／地球環境変化と災害／自然災害年表

上記価格（税別）は2011年10月現在